环保进行时丛书

工业污染离我们远一点

GONGYE WURAN LI WOMEN YUAN YIDIAN

主编：张海君

花山文艺出版社
河北·石家庄

图书在版编目（CIP）数据

工业污染离我们远一点 / 张海君主编. —石家庄 ：
花山文艺出版社，2013.4（2022.3重印）
（环保进行时丛书）
ISBN 978-7-5511-0950-5

Ⅰ.①工… Ⅱ.①张… Ⅲ.①工业污染防治—青年读
物②工业污染防治—少年读物 Ⅳ.①X322-49

中国版本图书馆CIP数据核字(2013)第081074号

丛书名：环保进行时丛书
书　名：工业污染离我们远一点
主　编：张海君

责任编辑：贺　进
封面设计：慧敏书装
美术编辑：胡彤亮
出版发行：花山文艺出版社（邮政编码：050061）
（河北省石家庄市友谊北大街 330号）
销售热线：0311-88643221
传　真：0311-88643234
印　刷：北京一鑫印务有限责任公司
经　销：新华书店
开　本：880×1230　1/16
印　张：10
字　数：160千字
版　次：2013年5月第1版
2022年3月第2次印刷
书　号：ISBN 978-7-5511-0950-5
定　价：38.00元

目　录

第一章　低碳工业：未来发展之路

第二章　低碳产品与绿色设计

第三章　低碳发展，企业的责任

第四章 节能减排与清洁生产

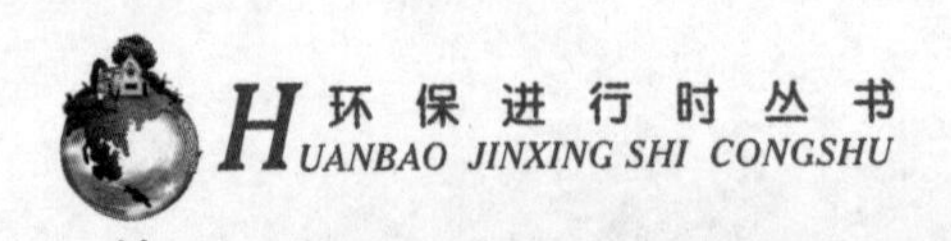

第五章 绿色能源与低碳循环工业齐发展

第一章

低碳工业：未来发展之路

一、工业生产中的大问题——污染

工业离我们的生活很近，工业化引领了人类文明数个世纪，给人类带来了丰富的物质财富，使人们的生活质量不断提高。然而，在工业发展中人们似乎有点忘本了，对自然资源过度地索取，大量排放温室气体和污染物，致使人类的生存环境面临着极大的挑战。可喜的是，人类极早地认识到自己的错误，对传统工业的高碳排放后果已经高度重视，开始思考如何让工业变得绿色。随着绿色制造、低碳生态工业和循环经济等思想的发展和应用，传统工业生产的高污染、高耗能已经逐步被改造，能源利用效率逐渐提高，环境污染逐步得到控制，工业生产与自然相处越来越融洽。

将各种各样的原材料投入机器中生产出产品，而不再单纯地依赖人类的手工作业，这是人类社会发展过程中划时代的一种生产方式。机器的不眠不休实现了生产力的快速发展，同时也加快了人类文明的进程。尤其是18世纪英国工业革命以来的200多年，工业给人类带来了巨大的财富，人类开始了大量生产、大量消费和大量浪费的“文明”时代。与此同时，资本主义市场经济发展所造成的

城市工业污染

利益驱动，促使人们不顾一切地向大自然展开掠夺，并且任意地向大自然排放各种废物，较少顾及大自然的承受能力。在短短的近几百年中，地球上的人口呈几何指数增长，很多资源都濒临耗尽，世界上许多国家因以传统的工业化模式发展经济而造成了严重的环境污染和生态破坏，并导致了一系列举世震惊的环境公害事件。可以说，我们赖以生存和发展的地球正面临着前所未有的环境危机。

工业污染

二、算一算可怕的工业碳排放

工业化浪潮

在一味追求高效率的工业时代，人类只着重追求物质财富而不顾其他后果，终于，地球变暖了，人类的生存受到了严重威胁，大量科学家开始关注工业碳排放问题。有研究者算了算工业碳排放的账，工业领域的能源消耗在1971年至2004

年间增长了61%，其中近1/3的世界能源消耗和36%的二氧化碳排放量来自制造业，其余2/3则来自为国民经济各部门提供主要生产资料的工业部门，包括化工、石化、钢铁、水泥、铁矿及其他矿物和金属开采冶炼等。

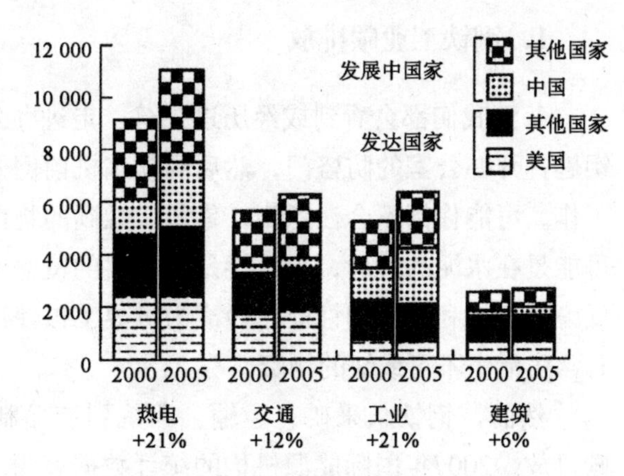

2000至2005年全球各产业部门的二氧化碳排放量

在庞大的工业领域，发展低碳工业的呼声也越来越高，虽然目前已经有了一些工业低碳化的实践，但是要真正实现低碳工业转型还需要很长时间的努力。统计数据显示，从2000年到2005年，全球二氧化碳排放量增长达到了12.7%，而工业领域的碳排放却增加了21%，可见近年来碳排放的增速在加快。

发达国家的碳排放主要发生在消费领域，而发展中国家则主要集中在工业生产环节。具体而言，发达国家里企业与居民的碳排放量之比是3∶7，即30%的碳是企业排放的，70%的碳是居民排放的。而发展中国家的情况恰恰相反，70%的碳是企业排放的，30%的碳是居民排放的。这就意味着，发展中国家减少碳排放的关键是在工业生产领域，其中重点是钢铁、水泥和化工等高碳工业的低碳化。

钢铁冶炼厂

1．钢铁工业碳排放

每天我们都会看到或经历这一幕：走进办公大楼，进入电梯上楼，拿钥匙打开办公室的防盗门，然后到饮水机前倒好一杯开水，打开电脑开始工作。可能你都不会注意到，你所接触到的物体几乎全都有钢铁的身影，可能是在水泥的背后，也可能是在塑料的覆盖下。钢铁以其丰富的储量、低廉的价格和可靠的性能已经成为世界上被使用最多的材料之一，是人们日常生活中不可或缺的物资。

然而，钢铁从采矿、运输、冶炼到产品制造过程中都会产生大量的碳排放。2007年国际能源机构的统计数据表明，钢铁工业消耗了工业领域19%的能源，同时排放了工业领域大约1/4的二氧化碳。

2．水泥工业碳排放

水泥是一种重要的建筑材料，可以毫不夸张地说是水泥和钢筋“俩兄

水泥厂

弟”构筑了现代的高楼大厦，夯起了高速公路，架起了通河过江的桥梁，然而，水泥工业的大量碳排放也让我们重新审视当前社会的构建基础是否需要做出调整和改变。

水泥制造过程中的每一环节都会对环境产生很大的影响，包括采石场爆破过程中的大气粉尘污染、温室气体排放、噪音和振动等。一方面，水泥在生产制造过程中需要大量的燃料，会产生大量的二氧化碳排放；另一方面，水泥生产的化学过程本身产生的大量的碳排放远远多于其他工业过程。2007年国际能源机构的统计数据表明，非金属矿物工业部门的能源消耗约占全球工业能源消耗的9%，其中水泥工业就占据了70%至80%。水泥生产单位GDP的能源用量，也就是能源强度平均在3.4至5.3千兆焦耳每吨(GJ/t)之间，加权平均值为4.4GJ/t。

3．化学工业碳污染

在现代生活中，人类已经离不开化工产品，从衣、食、住、行等物质生活，到文化艺术、娱乐等精神生活，都需要化工产品为我们服务。化学工业从它诞生之日起，就一直为各工业部门提供必需的基础物质。烃类裂解制取乙烯等工艺的成熟，炸药技术的发展等为现代工业的快速发展奠定了基础；合成氨和尿素生产的产业化、杀虫剂和除草剂的应用促进

石化企业

了农业的发展；青霉素的发现和投产、各种临床化学试剂和各种新药物剂型不断涌现使医疗事业大为改观，人类的健康有了更可靠的保证：各种食品添加剂、涂料、颜料等化工日常产品极大地提高了人类生活的品质。

然而研究表明，化学和石化工业的能源消耗占到了全球工业领域能源消耗的30%，二氧化碳排放量占工业领域排放量的16%。除了碳排放之外，化学工业对环境的影响还体现在化工产品副产物的污染上，包括废水、废气（除温室气体之外还包括很多有毒气体）和废渣等。

4．高碳工业的后果

“高增长、高消耗、高污染”的生产方式实现了人类物质财富的迅速积累，然而大量投入于不可持续发展模式下的资源并未得到充分利用，很大一部分转化为废弃物排入自然环境中并成为污染物。这种工业生产模式已经引发了全球性的环境问题，这是我们不愿见到的后果。

首先，最直接的结果就是自然资源的耗竭。地球上人类为了自身的生存，对自然资源进行了掠夺性的开发。资料分析表明，1970至1991年全球工业原料消耗量增加了38%，其中80%的原材料来自矿产资源。一方面矿山开采和工业生产过程中的资源耗费率高，损失浪费严重；另一方面，矿产资源

二氧化碳污染大气

在人类有限的时间内是不可再生的资源。其次，原始生态环境已经遭到严重的污染和破坏。工业领域在不断制造产品的同时也排放大量的二氧化硫、悬浮微粒、氮氧化物及各种芳烃类化合物。世界上每年有1000~2000种化学品进入市场，目前已知的化学品超过了700万种。它们被随意排放，造成了大气、水和土壤全方位的污染，影响到粮食、蔬菜和水果，直接危害人体健康。最后，全球变暖已经成为世界性的话题和难题。工业领域大量化石燃料的使用使得全球每年因燃烧而排入大气中的二氧化碳多达50亿吨，导致全球气温上升。有专家预测，如果大气中二氧化碳的浓度仍然按目前的速度增长，到2030年全球气温将比现在升高2~5℃（比过去1万年升高的温度还高），由此使海平面上升20~140cm，会直接威胁人类的生存。

三、工业的生态化发展之路

人类要重新融入自然，工业不能再继续以冷冰冰的面孔一味地攫取自然资源，而是要尊重自然生态系统，合理高效地利用自然资源，实现工业的生态化。生态工业的文明就是要我们转变观念，不再以追求物质财富为唯一目标，努力创建工业企业个体之间的和谐共生关系，就像生物界的食物链一般，企业之间互相利用产品和废弃物，实现物质的有效转化和流动，减少工业生产活动对自然环境的影响。

1．工业也须生态化

合理地、充分地、节约地利用资源，在生产和消费工业产品过程中对生态环境和人体健康的损害最小化，以及多层次综合再生利用废弃物是生态工业的基本要求。生态工业的根本目的是在不破坏基本生态进程的前提下，促进工业在长期内为社会和经济利益做出贡献。可以说生态工业的核心思想和可持续发展思想是完全一致的，都是强调人类在发展经济的同时必须重视与自然环境相协调。

生态产业示范园

生态工业的实现有两个层次的要求：在宏观层面上使工业经济系统和生态系统相吻合，协调工业的生态、经济和技术关系，促进工业生态经济系统的人流、物质流、能量流、信息流和价值流的合理运转和系统的稳定、有序、协调发展，建立宏观的工业生态系统的动态平衡；在微观层面上做到工业生态资源的多层次物质循环和综合利用，提高工业生态经济子系统的能量转换和物质循环效率，建立微观的工业生态经济平衡，从而实现工业的经济效益、社会效益和生态效益的同步提高，走可持续发展的工业发展道路。

目前美国、日本等大公司都极力推崇生态工业模式，并成为"工业生态学"的倡导者。同时，发达国家工业所生产的各种各样的"绿色产品"越来越多。从"绿色食品"到"绿色用品"，从"绿色产品"到"绿色市场"等，都在迅速崛起，这必将改变现代工业发展的产品结构、产业结构和技术结构，使现代工业发展进入一个新的阶段。

2．生态工业小世界

生态工业系统俨然是一个由工业企业构成的小世界，在这个小世界中，一个企业的产品或废物是另一个企业的原材料或能源，这之间存在着一种共生、伴生或寄生的关系，构成了生态系统中生物链一样的关系。当许多条“工业生态链”交织起来，则构成了高级的生态工业网络系统，它是生态工业系统的基本形态。因此生态工业系统中各企业之间存在着一种有序但纵横交错的联系，通过这种联系，物质能量、信息等进行流通，使其流到外环境中的量减少到最小，以保护外界生态环境。

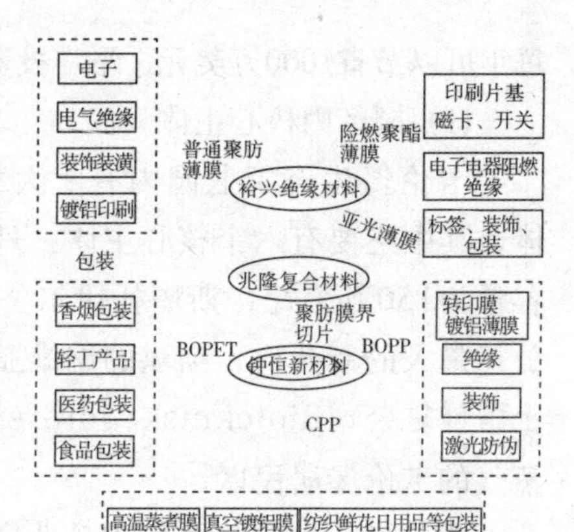

工业生态链

生态工业园区就是生态工业系统的一种实践，是依据循环经济理念、工业生态学原理和清洁生产要求而设计建立的一种新型工业园区。它通过物流或能流传递等方式把不同的工厂或企业连接起来，形成共享资源和互换副产品的产业共生组合，建立“生产者—消费者—分解者”的物质循环方式，使一家工厂的废物或副产品成为另一家工厂的原料或能源，寻求物质闭环循环、能量多级利用和废物产生最小化，达到相互间资源的最优化配置。

3．典型的生态工业园

国际上第一个建成的生态工业系统是位于丹麦哥本哈根以西120千米处的卡伦堡生态工业园，它是生态工业园的典范之一，是在20世纪70年代几个主要工业企业为寻求解决工业垃圾、有效利用淡水、降低生产成本而建立的一个工业小区。整个项目从1972年启动，到1995年，该园区的年物资和能源交换量就达到了300万吨，估算

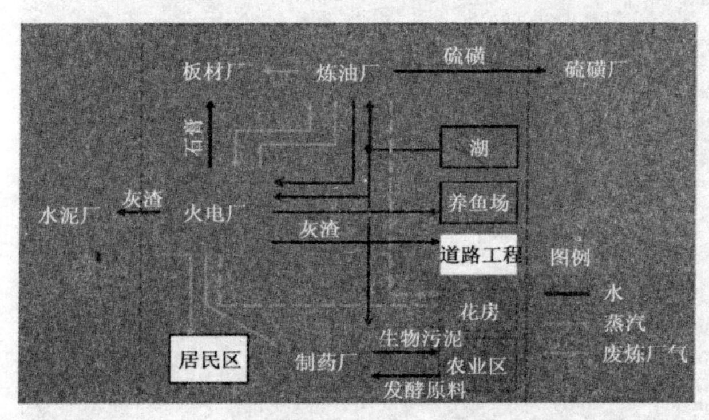

卡伦堡生态工业园

每年可以节省1000万美元，平均投资回收期为6年。

(1) 园区内核心主体

卡伦堡生态工业园内有大大小小几百个工厂、农场和其他组织个体，其中主要有六个核心主体：丹麦最大的燃煤发电站阿斯尼斯，装机容量为150万千瓦；斯塔托伊尔公司旗下的丹麦最大炼油厂；诺和诺德公司最大的制药厂；斯堪的纳维亚半岛最大的石膏板制造厂吉普洛克；土壤修复公司Bioteknisk Jordrens；约有两万居民的需要供热、供水和蒸气的卡伦堡居民区。

卡伦堡工业共生系统内企业之间的合作是以能源、水和物质的流动为纽带联系在一起的，它们的共生关系体现在能源利用、水循环和物流等方面。

(2) 能源和水的流动

阿斯尼斯火力发电厂工作的热效率约为40%，产生的大部分能量都进入了烟囱。同时另一家耗能大户斯塔托伊尔精炼厂的大部分气体也都燃烧

生态工业园

掉了。于是从20世纪70年代早期开始，他们开始采取一系列举措。

通过多方谈判，斯塔托伊尔炼油厂将多余的气体供应给吉普洛克石膏板厂；阿斯尼斯发电厂则利用新型供热系统为卡伦堡市供应蒸气，其后又供应给诺和诺德制药厂和斯塔托伊尔炼油厂，同时也向市里的某些地区供热，这一举措取代了约3500个燃油炉，大大减少了空气污染源。此外阿斯尼斯电厂使用附近海湾内的盐水满足其冷却需要，这样做减少了对梯索湖淡水的需求，其副产品为热的盐水，其中一小部分又可以供给养鱼场的57个池塘。

（3）物质流动

诺和诺德制药厂的工艺废料和养鱼场水处理装置中的淤泥被用做附近农场的化肥，每年达到了100万吨；阿斯尼斯电厂将烟道通气中的二氧化硫与碳酸钙反应制得的硫酸钙再卖给吉普洛克石膏板厂，能达到其需求量的2/3。斯塔托伊尔炼油厂的脱硫装置生产纯液态硫，再用卡车运到硫酸制造商处；诺和诺德制药厂的胰岛素生产中的剩余酵母则被送到农场做猪饲料。

1999年加入合作的A/S Bioteknisk Jordrens 土壤修复公司使用民用下水道淤泥生物修复营养剂来分解受污土壤的污染物，这是城市废水的另一条有效再利用途径。

据统计，卡伦堡生态工业园内企业组成的这个封闭的生态工业系统经济效益十分显著，每年节约石油19万吨、煤3万吨、水60万立方米，减少二氧化碳排放13万吨、减少二氧化硫排放3700吨，利用煤灰135吨、硫2800吨、泥浆状氮肥80万吨。

美国对卡伦堡工业园进行评估后认为，生态工业系统的建立是可能的，并仿效丹麦的卡伦堡工业园实施生态工业计划。目前在美国，企业间交换用做原材料的工业副产品能源的做法发展很快，但建立真正的生态工业系统还不多。生态工业园对世界许多地区来说还是个新名词，但这种变废为宝、充分利用资源，既有利可图又保护环境的可持续发展的生产模式正得到逐步推广。

四、低碳产业与低碳工业

低碳产业是以低能耗、低污染为基础的产业。在全球气候变化的背景下，低碳经济、低碳技术日益受到世界各国的关注。低碳技术是涉及电力、交通、建筑、冶金、化工、石化等部门以及在可再生能源及新能源、煤的清洁高效利用、油气资源和煤层气的勘探开发、二氧化碳捕获与埋存等领域开发的有效控制温室气体排放的新技术。

低碳产业的主要核心是两部分，一个是清洁能源，包括太阳能、风能、生物能和水电、潮汐、地热能等等，也包括延伸出来的清洁煤炭技术等等；一个就是节能减排技术，主要是提高能源利用效率的各种技术，涉及工业、带能力、交通、建筑等等，除了两个核心部分，还有衍生出来的低碳金融，包括碳排放交易、投资低碳的基金、信贷等衍生品。

有专家指出，从“十一五”的节能情况看，我国通过结构调整实现的节能占60%，通过技术创新实现的节能占20%，通过管理创新实现的节能占20%。不过，在诸多因素的影响下，技术创新在实现节约能源、提高能效中已经扮演着更为重要的角色，并已成为实现节能减排目标的有力支撑。

现在的实际情况是，我国许多制造业的总体特征是大而不强，大量企业处于产业链的底层，从事高消耗、低附加值产品的生产与低碳经济的要求相违背。从技术链角度分析，低端产品通常消耗的原材料和能源多，造成环境污染大，获取的附加值少，难以遵循低碳经济的要求。

数据显示，目前，我国工业增加值率仅为26.5%，分别比美国和日本低23和22个百分点。

“要提高附加值，走低碳之路，就需要大力支持企业的技术改造，增加产品附加值，加快用高新技术和信息技术改造和提升传统产业。我国工业产品能耗过高，关键在于技术水平落后，特别是缺乏核心的关键技术。”有关报道这样写到，推动我国产业转型升级，必须积极做好先进技术引进、消化、吸收和再创新。尽量发展以节约资源和保护环境为前提的省耗绿色制造技术。在产品设计上尽量提高可拆卸性、可回收性和可再制造性，生产工艺和设备选用上尽量做到低物耗、低能耗、少废弃物、少污染。

“传统产业低碳化发展，也要按照低投入、低消耗、高产出、高效率、低排放、可循环和可持续的原则发展。”环保专家指出，要加快各种先进节能环保技术的应用，加大技术改造和技术创新的力度，降低能源消耗、减少污染排放，提升行业发展水平，促进产业升级。

以石化行业为例，中国化工学会秘书长洪定一指出，行业需要调整自身定位，进行二次创业，抓住发展低碳经济带来的机遇。他表示，在新材料、新能源、碳的资源化利用等方面石化行业都能有所作为。新材料方面，一些企业在做风机叶片上的聚氨酯漆、建筑节能材料发泡聚氨酯；新能源方面，秸秆发酵制乙醇正在开发，一些企业正在做新能源车充电电池的原料磷酸铁锂……

此外，运用信息化也是推进传统产业低碳发展的一个有效方法。有分析者指出，运用信息技术对机械、冶金、建筑及建材、纺织、轻工、食品等国民经济各个领域的覆盖和渗透，可以提高传统制造业的自动化和智

低碳化发展

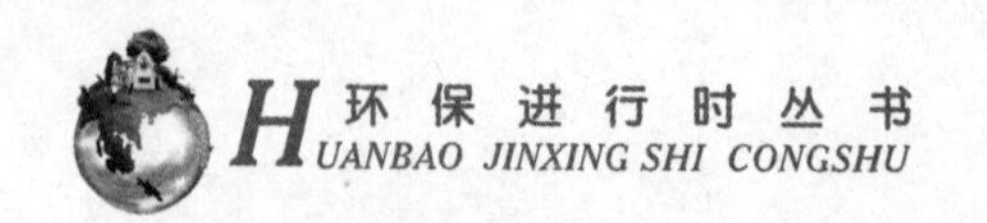

能化程度，增强传统制造业的产品研制和开发能力，有利于推动传统制造业及其产品向价值链高端开辟新天地，从而使传统制造业遵循低碳经济原则，生产出低消耗、少污染、高附加值的产品。

中国正处于工业化、城市化进程加快过程中，能源需求仍在急剧增长，以石油、煤、天然气等传统化工能源为主的能源结构一时难以改变；同时，高耗能、高排放行业在工业产业结构中占很大比例，且发展方式比较粗放。这就决定了我国发展低碳经济要以节能减排为重要抓手，在发展低碳产业的同时，更要注重产业节能减排。

五、低碳工业发展模式

正视人类生存环境面临的危机，反思高碳工业发展模式，实现社会的可持续发展，工业的低碳化势在必行。同时，工业低碳化是建立低碳化社会经济发展体系的核心，是全社会循环经济发展的重点，工业低碳化要以清洁生产和绿色制造为基础，发展生态工业，鼓励循环经济。

发展绿色GDP

1. 畅享绿色工业产品

何谓绿色工业产品？绿色工业产品最重要的特征之一就是生产制造过程中的低碳排放。拒绝滚滚的浓烟和污浊的工业废水，让工业生产与自然和谐相处，让人类畅享绿色工业产品。

低碳工业是以低能耗、低污染、低排放为基础的工业生产模式，是人类社会继农业文明、工业文明之后的又一次重大进步。低碳工业的实质是能源高效利用、清洁能源开发、追求绿色GDP的问题，核心是能源技术和减排技术创新、产业结构和制度创新以及人类生存发展观念的根本性转变。

低碳工业提出的大背景是全球气候变暖对人类生存和发展的严峻挑战。随着全球人口和经济规模的不断增长，能源使用带来的环境问题及其诱因不断地为人们所认识，不止烟雾、光化学烟雾、霾和酸雨等的危害，大气中二氧化碳浓度升高带来的全球气候变化也已被确认为不争的事实。

清洁能源

在此背景下，碳足迹、低碳经济、低碳技术、低碳发展、低碳生活方式、低碳社会、低碳城市、低碳世界、低碳工业等一系列新概念、新政策应运而生。它们是能源与经济以至价值观实行大变革的结果，可以为逐步迈向生态文明走出一条新路，即：摒弃20世纪的传统增长模式，直接应用新世纪的创新技术与创新机制，通过低碳工业这种经济模式与低碳生活方式，实现社会可持续发展。

作为具有广泛社会性的前沿经济理念，低碳工业其实没有约定俗成的定义，学术界也存在很大的争论。低碳工业也涉及广泛的产业领域和管理

和谐的环境

领域，乃至人们的生活观念和方式。

清洁生产和绿色低碳制造是工业低碳化的基本指导思想。清洁生产是针对生产过程、产品、服务，持续实施的综合性污染预防的策略。而绿色制造的目标则是使产品在整个产品生命周期中对环境的影响最小，资源利用率最高，从而使企业经济效益和社会效益协调优化。生态工业则是在这两者的基础上更进一步，通过企业之间的物资和能源等方面的合作形成工业的生态系统，促进与自然生态系统的和谐相融。

节能技术是实现工业低碳化的关键要素。不仅要通过调整产业结构，促使工业结构朝着节能减碳的方向发展；还要通过研发节能材料，改造和淘汰落后产能，提高能源利用效率，减少污染排放，快速有效地实现工业节能减排目标。

总之，政府、企业和社会公民共同努力，使工业生产也成为循环经济不可或缺的一环。实现物质和能量在各个生产企业和环节之间进行循环、多级利用，进行“废料”的再利用，用同样的物质或更少的物质获得更多的产品与服务，提高资源的利用率。

2．世界各国在行动

工业是国家的重要支柱产业之一，工业低碳化怎能离开政府的支持和战略规划！

当前，世界各国已经意识到工业低碳化对低碳经济建设的重要性，战略制定、财政支持、政策引导等一系列活动不断出现。

（1）英国低碳工业战略

2009年7月15日，英国发布了《英国低碳转换计划》作为其国家低碳化的全面指导纲领，并同时发布了《低碳工业战略》《可再生能源战略》《低碳交通计划》三个配套文件，标志着英国成为世界上第一个在政府预算框架内特别设立碳排放管理规划的国家。按照英国政府的计划，到2020年可再生能源在能源供应中要占15%的份额，并在1990年的基础上减排温室气体34%。

其中《低碳工业战略》指出，政府将在政策倾斜、产品采购、教育培训、标准化和资金投入等方面予以制造业全面支持，研发绿色制造技术，包括软件、制药、化工、发电、汽车、航空等领域，协助解决低碳工业发展的瓶颈，打造创新氛围，包括改变机制、消除壁垒和支持研发等。政府还将在这些领域帮助企业培训员工，提高劳工技能，并在信息服务和咨询方面提供帮助。为此，英国政府在2009年的年度政府预算中就为低碳工业和先进绿色制造业等领域投资额达4.05亿欧元。包括投资1200万欧元用于建设一座开放式的具有10吨生物发酵产能的示范工厂；400万欧元用于支持制造咨询服务，为制造商提供低碳化制造的专业建议等。

（2）德国绿色经济转轨

虽然到目前为止，德国仍是一个以汽车制造和工业机械设备闻名于世的工业国家，但德国于2009年6月公布了一份旨在推动德国经济现代化的战略文件，在这份文件中，德国政府强调生态工业政策应成为德国经济的指导方针。为了实现从传统经济向绿色经济转轨，德国除了注重加强与欧盟工业政策的协调和国际合作之外，还计划增加政府对环保技术创新的投资，并通过各种政策措施，鼓励私人投资。

德国前环境部长西格马•加布里尔强调：“环保技术是当下德国经济的稳定器，并将成为未来经济振兴的关键。”他指出，如果在生产过程中合理地利用自然资源，德国工业每年将可节省约1000亿欧元。如果德国经

济能顺利实行生态变革，到2020年国内可新增100万个就业岗位。

德国法兰克福城市景观

此外，德国环保技术和产品质量多年来一直都处于世界领先水平，环保意识在德国也已深入人心。德国工业协会公布的一份民意调查显示，89%的受访者赞成德国工业界利用环保技术来实现可持续发展。

(3) 从“中国制造”到“中国创造”

低成本、低价格曾经是中国制造业在国际市场的竞争优势所在。然而在经济全球化的背景下，低碳浪潮席卷全球，中国的制造业也正经历一次重要的转型，需要从高能耗、高污染的工业形态向以技术和品牌为核心的低碳工业转变，完成从“中国制造”到“中国创造”的跨越，才能实现中国工业的可持续发展。

在第十二个五年规划中，中国为强调环境和可持续发展问题发布了一系列绿色科技相关工业振兴计划，如新能源、船运、物流以及设备制造。2009年11月25日，中国国务院常务会议宣布，到2020年单位GDP二氧化碳排放比2005年下降40%～45%。温家宝总理还明确表示中国将转变经济发展方式，培育以低碳排放为特征的新的经济增长点，加快建设以低碳排放为特征的工业、建筑、交通体系。

随着2009年哥本哈根会议的召开，全世界主要经济体都已将节能减排产业列为重中之重，工业低碳化不仅是国家战略的转换，也是众多企业长期可持续发展的出路；工业低碳化不仅是采用低碳化的生产方式，更要为社会提供高效节能的低碳产品。越来越多的国家和企业已经意识到工业低碳化改造不是只有投入，在不久的将来肯定会产生非常可观的经济效益。

第二章

低碳产品与绿色设计

一、认知绿色产品

绿色产品或称为环境协调产品、环境友好产品、生态友好产品。20世纪70年代美国政府在起草的环境污染法规中首次提出绿色产品的概念。但直到现在，由于对产品“绿色程度”的描述和量化特征还不十分明确，因此，目前还没有公认的权威定义。以下定义从不同的角度对绿色产品进行了描述，有助于理解绿色产品的含义。

①绿色产品是指以环境和环境资源保护为核心概念而设计生产的，可以拆卸并分解的产品，其零部件经过翻新处理后，可以重新使用。

②美国《幸福》双周刊上一篇题为“为再生而制造产品”的文章认为：绿色产品是指将重点放在减少部件，使原材料合理化和使部件可以重新利用的产品。

我国的绿色建材标志

③绿色产品是一件产品在使用寿命完结时，其部件可以翻新和重新利用，或能安全地把这些零部件处理掉，这样的产品称为绿色产品。

④绿色产品可以归纳为从生产到使用乃至回收的整个过程都符合特定的环境保护要求，对生态环境无害或危害极少，以及利用资源再生或回收循环再用的产品。

⑤绿色产品就是在其生命周期全程中，符合特定的环境保护要求，对生态环境无害或危害极少，资源利用率最高，能源消耗最低的产品。即绿色产品应有利于保护生态环境，不产生环境污染或使污染最小化，同时有

利于节约资源和能源，且这一特点应贯穿于产品生命周期全程。

⑥有学者认为绿色产品应包含以下特性：对人和生态系统的危害最小化；产品的材料含量最小化；产品的回收率高；零部件的再制造利用率高，材料能进行的逐级循环率高；用户或消费者能接受并能够实现交换的产品。因此将绿色产品定义为：绿色产品是在产品全生命周期中满足绿色特性中的一个特性或几个特性，并且满足市场需要的产品。绿色特性包括对人和生态环境危害小、资源和材料利用率高、回收和再利用率高。

二、 绿色环境标志

国际标准化组织(ISO)颁布的ISO 14024、ISO 14021、ISO 1425分别规定了Ⅰ型、Ⅱ型和Ⅲ型环境标志计划的具体原则和程序。

这三种不同环境标志的出现是源于不同的需要和市场，Ⅰ、Ⅱ型环境标志的出现是针对普通的市场和消费者，Ⅲ型环境标志是针对专业的购买者。3种环境标志也有着自己不同的名字，Ⅰ型叫环境标志，Ⅱ型叫自我环境声明，Ⅲ型叫环境产品声明。由于3种环境标志采用的评价方法不同，实施起来有着巨大的区别：Ⅰ型的特点是要对每类产品制定产品环境特性标准，Ⅱ型是企业可以自己进行环境声明，Ⅲ型是要进行全生命周期评价，然后公布产品对全球环境产生的影响。

我们可以依据环境标志的国际标准对其特点进行比较。

1. Ⅰ型环境标志

Ⅰ型环境标志计划是一种自愿的、基于多准则的第三方认证计划，以此颁发许可证授权产品使用环境标志证书，表明在特定的产品种类中，基于生命周期考虑，该产品具有环境优越性。第三方可以是政府组织或独立的非商业性实体。例如德国的蓝天使标志、欧盟的花卉标志、中国的十环标志等。

Ⅰ型环境标志应该遵循的原则为：自愿性原则、选择性原则、产品的功能性原则、符合性和验证性原则、可得性原则、保密性原则。

Ⅰ型环境标志的特点为：公开透明、第三方认证、产品的规模效应、其他国际通行标准、明确的环境标志产品准则。

世界各国环境标志

Ⅰ型环境标志需预先制定产品准则，以作为产品认证的技术依据，由此决定了环境标志准则在Ⅰ型环境标志计划中的核心地位。

Ⅰ型环境标志技术标准还需要对技术和市场的变化做出实时反应、定期评审或及时修订，目的都在于反映高新科技的新成果和社会公众的新需求，确保技术标准与技术和市场同步。当然，在更新技术标准的同时，还要求认证企业在规定时间内实现新标准的指标。

各国在国际标准ISO 14024规定的原则和程序的指导下，把产品的环境行为标准具体化，目前世界主要国家共颁布环境标志产品标准1000余个，每2～3年修订一次，以适应科技进步和公众对绿色不断提高的要求。

Ⅰ型环境标志在鼓励社会层次上的大循环经济的同时，还注重人体健康安全，它提倡的是更高层次上的“循环经济”。

2．Ⅱ型环境标志或声明

Ⅱ型环境标志即自我环境声明，它是一种未经独立第三方认证，基

于某种环境因素提出的，由制造商、进口商、分销商、零售商或任何能获益的一方自行做出的环境声明。自我环境声明包括与产品有关的说明、符号和图形；有选择地提供了环境声明中一些通用的术语及其使用的限用条件；规定了对自我环境声明进行评价和验证的一般方法，以及对选定的12个声明进行评价和验证的具体方法。

Ⅱ型环境标志规定了产品和服务在作自我环境声明时应遵循的通用原则，以及对当前正在或今后可能被广泛使用的12个自我环境声明给出具体要求。

社会发展要与保护环境并举

12个自我环境声明的内容为：可堆肥、可降解、可拆解设计、延长寿命产品、使用回收能量、可再循环、再循环含量、节能、节约资源、节水、可重复使用或重复充装、减少废物量。其在设计、生产、使用、废弃这一生命周期过程中的分布是：在生产环节有一个声明——节约资源；在使用环节有3个声明——节能、节水和延长寿命产品；在使用至废弃前有两个声明——减少废物量和可重复使用和充装；在废弃阶段有4个声明——可降解、可堆肥、可再循环和可拆解设计；在废

人类生存环境应该是绿色的

弃物再次进入生产阶段有两个声明——再循环含量和使用回收能量。可见，12项声明涵盖生产、使用、废弃的全过程，企业没有权力再自造环境声明。中介机构重在验证12个声明内容准确、无误，给公众准确信息。

Ⅱ型环境标志针对某一特定要求进行自我环境声明，快速直接地反映公众的某项需求和企业的某项承诺，在贴近企业和公众方面提供了更加有效的补充。

Ⅱ型环境标志主要针对资源的有效利用，企业可以从声明中规定的12个方面中选择一项或几项做出产品自我环境声明，并须经第三方验证。

3. Ⅲ型环境标志

Ⅲ型环境标志是一个量化的产品生命周期信息简介，它由供应商提供，以ISO14040系列标准而进行的生命周期评估为基础，它根据预先设定的参数，将声明的内容经由有资格的独立的第三方进行严格评审、检测、评估，证明产品和服务的信息公告符合实际后，准予颁发评估证书。

Ⅲ型环境声明的原则是：自愿性、开放性和协商性、体现产品功能特性、透明性、可得性、科学性、机密性。

Ⅲ型环境标志声明中的信息应从生命周期评价中获取，运用的方法是在相关的ISO标准(ISO 14040~ISO 14043)中制定出来的。在ISO 14025标准草案中为Ⅲ型环境声明提供了两种方法选择：一种是生命周期清单(Life CycleInventor, LCI) 方法，即用量化的数据将生命周期中每个阶段的输入输出表征出来；另一种是生命周期影响评价(Life Cycle Impact Assessment, LCIA)方法，即在生命周期清单分析的基础上进一步评价每个生产阶段或产品每个部件的环境影响程度。由于生命周期影响评价方法现在还不够成熟，因此，多数国家在Ⅲ型环境标志计划的开展过程中都采用了以生命周期清单分析为基础，对个别重要的环境因素进行影响评价的方法。

可以认为，Ⅲ型环境标志通过生命周期各阶段的输入输出清单分析，将各种量化的信息予以公布，最终目的都是为了借助公众监督和消费选择的力量来刺激和鼓励企业通过各种途径实现资源能源的利用效率。

三、绿色生态化设计

有人将传统设计称为“从摇篮到坟墓”的设计，而将绿色设计称为“从摇篮到再现”或“从摇篮到摇篮”的设计。

绿色产品设计

绿色设计，又称生态设计、面向环境的设计、可持续设计、产品生命周期设计等，目前关于绿色设计的定义国内外还没有一个统一的、公认的定义。不同的学者对绿色设计的定义内容虽然有所不同，但从不同的角度描述了绿色设计的内涵。下面列出绿色的几种主要定义方式，有助于理解绿色设计的含义。

①美国的技术评价部门OTA 1992年把绿色设计定义为：绿色设计实现两个目标——防止污染和最佳的材料使用。

②美国AT&T公司环境与安全工程原副总裁戴维在美国机械工程师学会的一次大会中谈到：“这种思想简单而且符合逻辑，从源头上防治污染，将设计与制造作为一个整体。不要等着去处理污染，相反地，预测到产品和工艺对环境的负面影响，并提前处理好，这就是面向环境设计。”

③美国国家技术与环境工程学会高级项目主管蒂纳·理查德斯曾解释：DFE是一种把可回收性、可拆卸性、可维修性、可再生性、可重用性等一系列环境参数作为设计目标的设计过程。当这些环境目标达到以后，

再考虑产品的质量生命周期、功能等因素。DFE有很好的商业意义，因为它降低了有害物质的处理成本，也不会因为违反政府条例而受到处罚。DFE的核心是建立一个回收利用体系以及建立一个不同材料、不同工艺和不同技术的环境参数体系作为绿色产品评估体系。

④数字环境健康与安全部顾问鲍勃•菲容说："DEF的关键是一种面向系统的方法，而不是面向产品的方法，这是本质的区别。"他说最可能的结果将是设计产品时将整个系统包括制造、使用、废物处理都考虑到，而不仅仅是产品的设计。

⑤绿色设计是这样一种设计，即在产品的整个生命周期内，着重考虑产品环境属性（可拆卸性、可回收性、可维护性、可重复利用性等），并将其作为设计目标，在满足环境目标要求的同时，保证产品应有的功能、使用寿命、质量等。

⑥中国清洁生产网(http.//www.ccpp.org.cn)中认为生态设计，也称绿色设计或生命周期设计或环境设计，是指将环境因素纳入设计之中，从而帮助确定设计的决策方向。生态设计要求在产品开发的所有阶段均考虑环境因素，从产品的整个生命周期减少对环境的影响，最终引导产生一个更具有可持续性的生产和消费系统。生态设计活动主要包含两方面的含义：一是从保护环境的角度考虑，减少资源消耗、实现可持续发展战略；二是从商业角度考虑，降低成本、减少潜在的责任风险，以提高竞争能力。

绿色产品设计

⑦绿色设计是以环境资源为核心概念的设计过程，即在产品的整个生命周期内，优先考虑产品的环境属性（可拆卸性、可回收性等），并将其作为

产品的设计目标，在满足环境目标的同时保证产品的物理目标（基本性能、使用寿命、质量等）。绿色设计包含了产品从概念形成到生产制造、使用乃至废弃后的回收、再用及处理的各个阶段，涉及产品的整个生命周期。

⑧有中国学者认为，鉴于绿色设计的多重属性，应该从一个更广泛、抽象的层次上来理解和定义绿色设计，即绿色设计与制造是一个技术和组织（管理）活动，它通过合理使用所有的资源，以最小的生态危害，使各方尽可能获得最大的利益或价值。其中：技术是指设计技术、制造技术、产品的技术原理、再制造技术、信息技术和废物处理技术等。

组织包括国家、政府部门和民间团体，以及制定的各种法规，技术管理、质量管理和环境管理体系，各种相关标准和理念。有效的组织是合理利用资源的一个重要方面，它对于防止经济增长和资源消耗相分离是非常有意义的。

资源包括能量流、材料流、信息流、人力资源，各种知识、技能以及时间。

生态危害：是指自然环境的破坏，以及当代人、后代人、消费者和劳动者的健康危害和潜在危险。

各方指全球环境、国家、区域环境、企业或公司以及消费者和劳动者。

利益或价值指各方的成本效益和社会效益，如公司的形象，特别是保证消费者的满意度，只有当绿色产品和服务在市场上满足消费者的需求时，才能够实现价值交换。另外，消费者需要的产品和服务在本质上是一种解决方案，因此，绿色产品应该是为具体客户定制的，应开拓新的消费模式，例如，消费者购买使用权，而不是产品的所有权。

四、绿色产品材料的选择

从产品全生命周期的角度进行分析，在原材料制备、产品制造加工、使用、回收处理的每一个过程中，材料都在直接地影响着环境。

1．所用材料本身的制备过程对环境的影响

绿色产品应该来自绿色材料

与工程材料（如钢铁、有色金属、塑料等）制备相关的行业包括冶金、化工等，这些行业都是造成环境污染的主要行业，因此避免或减少选择制备过程中对环境污染大的材料，减少其需求量，对保护环境具有重要意义。

2．材料在产品加工制造过程中对环境的影响

材料在产品制造加工过程中对环境造成的污染主要有以下几种情况：

①对材料进行加工的工艺对环境造成污染，如在机械加工工艺中，铸造、锻造、热处理、电镀、油漆、焊接等工艺对环境的影响都比较大，可尽量通过材料的选择避免这些工艺的采用或选用先进的替代工艺。

②由于材料的性能导致可加工性差，在加工过程中产生了大量的切屑、粉尘，以及超标的噪声等。

③材料中含有有毒有害物质，如卤素、重金属元素等，造成材料本身在被加工或作为催化剂时对人体和环境造成危害。

3．材料在产品使用过程中对环境的影响

许多产品在使用过程中不断地对环境造成污染，主要是由于材料的原因引起的。例如，含氟电冰箱在使用过程中对环境造成污染是由于选用了氟利昂作为制冷材料，因为氟利昂会对大气臭氧层产生破坏作用，从而导致严重的环境影响。另外，还要避免材料在使用过程中对人体的伤害。

4. 材料在产品使用报废后对环境造成的影响

产品在报废后的处理通常是回收利用或废弃，因此不便于回收利用和废弃后难以降解的材料都将造成环境污染。例如当前许多塑料制品使用后造成的白色污染问题就是一个典型的例子。

新型建筑材料的应用

在材料的提取、制备、生产、使用及废弃的过程中，常消耗大量的资源和能源，并排放大量的污染物，造成环境污染，影响人类健康。20世纪90年代初，世界各国的材料科学工作者开始重视材料的环境性能，从理论上研究评价材料对环境影响的定量方法和手段，从应用上开发对环境友好的新材料及其制品。经过几年的发展，在环境和材料两大学科之间开创了一门新兴学科——环境材料。环境材料的特征一是节约能源和资源；二是减少环境污染，避免温室效应和臭氧层破坏；三是资源容易回收和循环再利用。

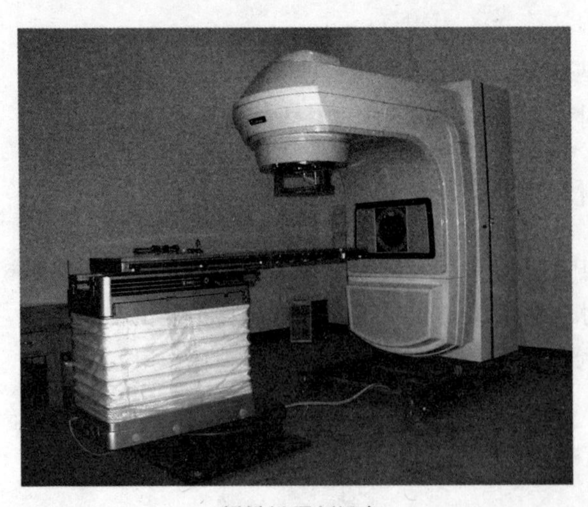

新材料研制设备

环境材料在欧美被称为环境友好型材料或称为环境兼容性材料。环境材料的含义主要还是指材料及其制品对环境污染小或对环境友好等。而在亚洲，主要是中国和日本，汉语和日语有关环境材料的称谓比较相近，如环境材料、生态材料、绿色材料、生态环境材料、环境相容性材料、环境协调型材料或环境调和型材料等。1995年，在西安举行的第二届国际环境材料大会上，与会的国际材料界各方专家经讨论，一致同意将环境友好型材料的各种表达统一为“环境材料”的汉语称谓，这就是汉语“环境材料”名称的正式来源。

1998年，由科学技术部、国家863高科技新材料领域专家委员会、国家自然科学基金委员会等单位联合组织在北京召开了一次中国生态环境材料研究战略研讨会。会上就环境材料的称谓、定义进行了详细的讨论，最后各位专家建议将环境材料、环境友好材料、环境兼容性材料等统一称为“生态环境材料”，并给出了一个有关环境材料的基本定义，即：生态环境材料是指同时具有满意的使用性能和优良的环境协调性，或者能够改善环境的材料。所谓环境协调性是指资源和能源消耗少、环境污染小和循环再利用率高。部分专家认为，这个定义也不是很完整，还有待进一步完善和发展。例如，环境材料除考虑环境性能和使用性能外，还应考虑经济性能。

新型生态环境材料

围绕生态环境材料研究，无论是在材料的环境协调性评价方面，还是在具体生态环境材料的设计、研究与开发方面，都取得了重要进展。

(1) 材料的环境协调性评价方法及其应用

日本于1995年成立了JLCA协会，由通商产业省支持，涉及15个主要的工业领域，已对一些典型材料进行了环境协调性评估。该协会从1998年开始在通产省资助下，启动了国家的LCA计划。该项计划5年内投入8.5亿日元，有23家主要工业企业协会、公司和政府研究机构以及大学的参与，旨在建立适合日本国情的材料环境负荷评价方法、LCA数据库和实用的网络系统，以指导和推进全日本材料及其制品产业的环境协调化发展。

德国一研究所利用物质流分析的方法研究了某些国家、地区以及典型材料和产品如铝、建材、包装材料等的物质流动和由此产生的环境负荷，用于指导工业经济材料及产品生产的环境协调发展。

奥地利、加拿大、法国、德国、北欧国家、荷兰、美国等许多国家和欧盟、世界经济与合作组织、国际标准化组织等国际组织都将LCA作为制定标志或标准的方法。在评价中已涉及的材料有：交通运输材料（如汽车材料）、包装材料、建筑材料、自行车材料及其他材料。

汽车低碳时代

LCA的研究与应用不仅依赖于标准的制定，更主要地依赖于评估数据与结果的积累。在绝大多数的LCA个案研究中，都需要一些基本的编目分析数据，例如与能源、运输和基础材料相关的编目数据，而这方面的工作量十分巨大。不断积累评估数据，并将这些数据建成数据库，在LCA研究中是非常重要的工作。目前世界上有10多个有影响的材料生命周期评价数据库是由不同国家、组织或研究机构建立的。这些数据库在LCA研究中发挥着重要作用。

（2）生态环境材料的设计、研制与开发

国际上生态环境材料的研究已不局限于理论上的研究，众多的材料科学工作者在研究具有净化环境、防止污染、替代有害物质、减少废弃物、利用自然能和材料的再资源化等方面做了大量的工作，并取得了重要进展。

日本的知名企业，如佳能、东芝、日立、富士、索尼等，德国的西门子、AEG、BASF等从产品的材料和技术的开发等角度一直关注生态效率和资源环境效率，使其开发的新产品不仅具有经济效益，还要具有环境效益，以保持未来的市场竞争力。美国的著名公司也在实施相应的研究发展计划，如IBM公司的环境设计计划、道尔化学公司的减少废弃计划等。总

环境设计

部设在日内瓦的零排放研究组织经过研究和实践，认为在生产过程中实施零排放是提高资源效率、改善环境污染的有效措施之一，特别是对材料的再生产，将所有原料进行充分利用，达到零废物、零排放，是四倍因子或十倍因子理论的具体实践。该组织已在全世界几十个国家实施了40多个研究和示范项目，证明零排放在技术上是可以实现的。

在钢铁产业中，直接还原铁工艺与高炉炼铁工艺相比，原料种类比较简单，只用铁矿石、煤和石灰石三种物料，省去了高炉炼铁工艺中的烧结、焦化工序，缩短了炼铁生产工艺流程，大大降低了生产过程中的环境负荷。短加工流程的开发应用，极大地降低了生产过程中的能耗。

在生态建材方面，已发展了多种无毒、无污染的建筑涂料，如水溶性涂料、粉末涂料、无溶剂涂料等。有一种用于卫生陶瓷表面的涂层材料，不但具有普通陶瓷表面釉质的一般性能（如耐磨、光亮），还具有杀菌、防霉的作用。在水泥工业中，环境协调性设计也具有广泛的应用前景。例如，利用可燃废料（包括废轮胎、废塑料等）替代部分煤来煅烧熟料，不但可以显著降低水泥生产能耗，而且起到了防止污染、保护环境的作用。目前具有广泛应用前景的绿色高性能混凝土，不但更多地节省了水泥熟料，同时，因能更多地掺加以工业废渣为主的活性细掺料，从而使材料能更大地发挥高性能优势，减少水泥和混凝土的用量。此外，像生态资源材料、环境净化材料、环境修复材料、环境降解材料等也都在大力研究开发之中。

随着信息技术的发展，电磁波对人类生存环境的污染越来越受到关注。为了减少电磁波对人体的辐射污染，大量的研究集中在开发有效的屏蔽措施方面。目前电磁波防护材料主要有两类，一类是吸波材料，一类是反射波材料。在防治城市汽车尾气污染方面，汽车尾气净化材料的开发也已成为热点。

（3）环境材料在我国的发展前景

在我国目前和未来的相当一段时期内，生态环境材料的研究应分为几个层次，主要有：全民特别是材料界的观念意识改变（如宣传和教育问题）；宏观上的国家行为（如立法、立规等问题）；国家就有关生态环境材料的科学计划问题（包括基础研究、高技术研究、攻关等科技和经济发展计划，都需支持生态环境材料的发展）；在教育、学科建设等方面，要

新型环保材料

培养交叉学科人才；建立相应的组织和学术团体，加强生态环境材料方面的交流合作等。

近年来，我国已实施了原国家教委的重点基金项目和“863”高技术项目以及国家自然科学基金等项目，开展生态环境材料学的应用基础研究。我国材料科学工作者已对生态环境材料学及其相关的几方面问题展开了广泛研究，努力探索和认真研究制定适合中国国情的材料可持续发展的行动计划，并在政府的支持与指导下逐步实施。

总之，关于生态环境材料的以下几点已为世界公认：①材料的环境性能将成为21世纪新材料的一个基本性能；②在21世纪，结合ISO14000标准，用LCA方法评价材料产业的资源和能源消耗、三废排放等将成为一项常规的评价方法；③结合资源保护、资源综合利用，对不可再生资源的替代和再资源化研究将成为材料产业的一大热门；④各种生态环境材料及其产品的开发将成为材料产业发展的方向。

生态环境材料对于保持资源平衡、能量平衡和环境平衡，实现社会和经济的可持续发展，有着重要的意义。其中，完善材料环境协调性评价的理论体系，开发各种环境相容性新材料及绿色产品，研究降低材料环境负荷的新工艺、新技术和新方法等已成为21世纪材料科学与技术发展的主导方向。

 五、产品绿色包装设计

绿色包装也称为“无公害包装”和“环境之友包装”。我国包装界于1993年引入了绿色包装的概念。

绿色包装是对生态环境和人体健康无害、能循环利用和再生利用、可以促进持续发展的包装；也就是说包装产品从原材料选择、包装物制造、

绿色创意包装设计

使用、回收到废弃物处理的整个过程均应符合环境保护和人体健康的要求。绿色包装的重要内涵是“3R+1D”即减量化（Reduce）、重复使用（Reuse）、再循环（Recycle）和可降解（Degradable），具体言之，它应具备以下特点：

①实行包装减量化(Reduce)。包装在满足保护、方便、销售等功能的条件下，应是包装材料用量最少。

②包装应易于重复利用(Re-use)，或易于回收再生(Recycle)。通过生产再生制品、焚烧利用热能、堆肥化改善土壤等措施，达到再利用的目的。

③包装废弃物可以降解、腐化(Degradable)，不形成永久垃圾，从而达到改善土壤的目的。

④包装材料对人体和生物应无毒无害。包装材料中不应含有有毒性的元素、卤素、重金属或含有量应控制在有关标准以下。

⑤从系统工程的观点，依据生命周期分析法(LCA)，包装制品从原材料采集、材料加工、产品制造、产品使用、废弃物回收再生，直至最终处理的生命周期全过程均不应对人体及环境造成公害。

绿色包装是一种理想包装，完全达到它的要求需要一个过程，为了既

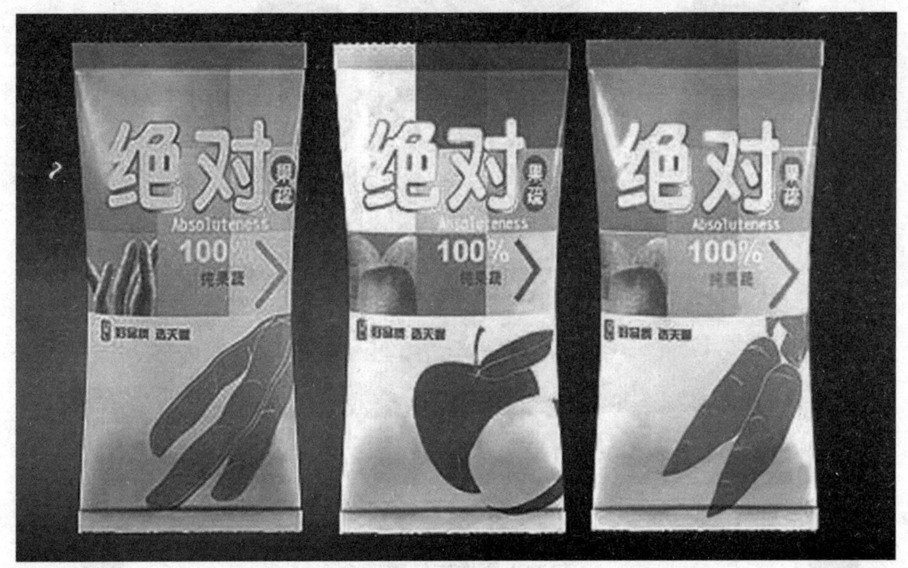

绿色包装

有的追求方向，又有可供操作分阶段达到的目标，普遍将绿色包装的分级标准制定为：

A级绿色包装：指废弃物能够循环复用、再生利用或降解腐化，含有毒物质在规定限量范围内的适度包装。

AA级绿色包装：指废弃物能够循环复用、再生利用或降解腐化，且在产品整个生命周期中对人体及环境不造成公害，含有毒物质在规定限量范围内的适度包装。

上述分级，主要考虑的是首先要解决包装使用后的废弃物问题，这是当前世界各国保护环境关注的热点，也是提出发展绿色包装的主要内容：在此基础上进而再解决包装生产过程中的污染，这是一个已经提出多年，现在仍需继续解决的问题。生命周期分析法固然是全面评价包装环境性能的方法，也是比较包装材料环境性能优劣的方法，但在解决问题时应有轻重先后之分。采用两级分级目标，可使我们在发展绿色包装中突出解决问题的重点，重视发展包装的后期产业，而不要求全责备，搅乱发展思路。

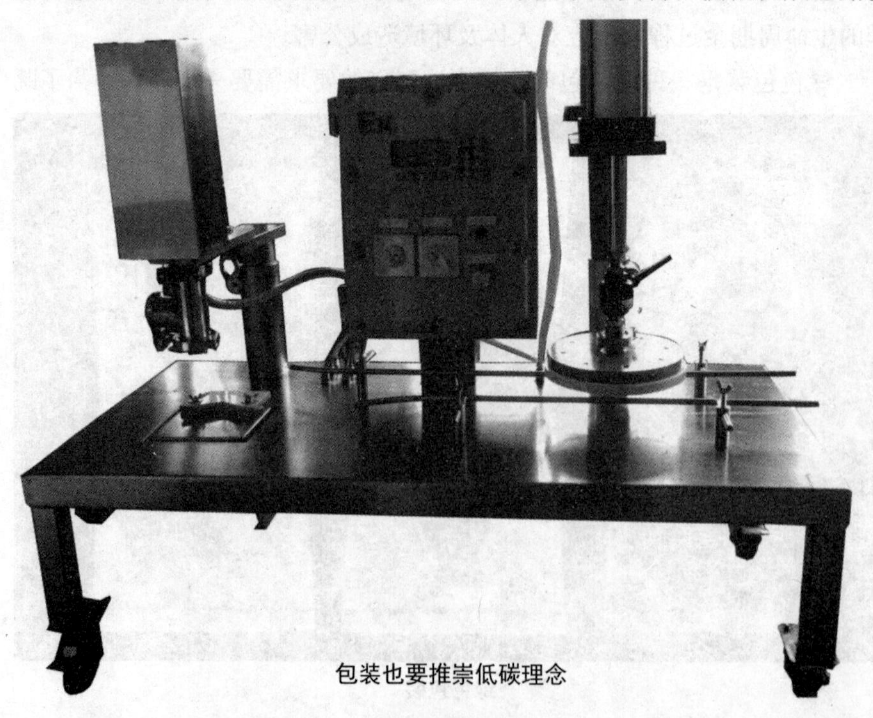

包装也要推崇低碳理念

在我国现阶段，凡是有利于解决包装废弃物的措施、能解决包装废弃物处理的材料都应给予积极的扶持和促进。

六、绿色包装的特殊结构

1. 绿色包装选择的优先顺序

绿色包装选择的优先顺序是：

①没有包装。

②最少量的包装。

③可返回、可重填利用的包装。

④可循环利用的包装。

简单的绿色包装

没有包装或最少量的包装从根本上消除了包装对环境的影响，可返回、可重填利用的包装或可循环利用的包装是没有办法的办法；回收的效益和效果难以确定，它与消费者的观念及回收体系有很大的关系。

2. 绿色包装结构的设计原则

（1）避免过分包装

有些产品，或是对包装的保护功能考虑过高，或是为了装饰和展示效果，存在过分包装的现象，如包装层次过多、包装成本超过产品成本等。过分包装不仅对消费者没有作用，还会造成资源浪费和环境污染。一般情况下产品的包装层次为1～2层，常见的为两层，即内包装和外包装，有的

中间夹一层，也有用一层包装的。在进行包装设计时应考虑避免“过分包装”，如减少包装体积、质量，减少包装层数，采用薄形化包装等。

(2) 化零为整包装

对一些产品尽量散装或加大包装容积，对产品进行化零为整包装。发达国家在20世纪70年代就实现了80%～90%的水泥散装率。水泥散装率是衡量一个国家资源利用水平、经济增长方式和现代社会文明程度的重要标志之一。据统计，每用1万吨散装水泥可节约袋纸60t、造纸用木材330立方米、棉纱0.4吨、烧碱22吨、电力7万度、煤炭111.5吨，减少水泥损失500吨，综合经济效益32.1万元。在我国各项政策法规的推动下，我国2004年的水泥散装率已增长到33.47%。

平板玻璃包装运输系统

(3) 设计可循环重用和重新填装的包装

重用和重新填装可以提高产品包装的使用寿命，从而减少其废弃对环境的影响。要考虑包装物收集和清洗的成本，以及对环境的影响；要建立好相应的重新填装网络体系。

平板玻璃包装运输系统的革新是可循环重用包装设计的典型案例。平板玻璃产品的传统运输包装是一次性使用的木箱或木封装箱。20世纪60年代以后，改为使用沉重、多次使用的钢制运输架。使用这些运输方式的同时仍然需要消耗大量的塑料、纸、纤维垫护材料来防止玻璃移动而导致破损。采用护垫需要大量的人工和包装时间，成本较高、不利于环保，增加了废物。传统包装体积庞大，在搬运过程中破损现象也非常普遍。科卡平板玻璃包装系统是一种享有专利的运输、存放平板玻璃的新方法，它只需要将玻璃的四角用钢包装，然后用钢条将四角串联固定就可以防止玻璃滑动。传统的运输方式采用木箱或钢架来承重，而科卡包装是利用玻璃本身良好的承压能力，实现玻璃产品的自我承重。由于这个重大的改进，科卡包装中装载100～400块玻璃板的重量就可达到900～3600千克。如果把它们放在仓库中，可达5米之高，托盘底部需要承受11吨的压力，安全系数选为5，它可以承受55吨的重量。又如，经过二次填充的打印机喷墨盒、炭粉盒可以使用5次以上。

可重新填装的包装在家用清洁产品等许多商品市场上都已使用，但在个人卫生用品或高档商品市场上，消费者还是青睐一次性包装的产品。叶夫罗氏(Yves Rocher)公司以柔性包装向消费者出售护肤用品及护发用品，并可多次重装。这种柔性包装比一次性包装瓶使用的材料大大减少，质地柔软可变，重量更轻，运输成本也大大降低。该包装材料为低密度聚乙烯(LDPE)。如果不同产品都使用不同包装，在产品使用后就会造成包装的大量浪费，柔性包装正是针对这一问题应运而生的。

(4) 包装结构设计

通过包装物的结构设计来实现绿色包装，例如，形状对产品运输的影响就很大，为了方便运输，应该尽量采用方形包装代替圆形包装；八角形的盒子装比萨饼比方盒子可以节约10%的包装材料。通过合理的包装物结构设计，可以使包装物另作它用，避免包装物的随意丢弃，例如AT&T公司设计的键盘的外包装就是键盘的防尘罩。通过

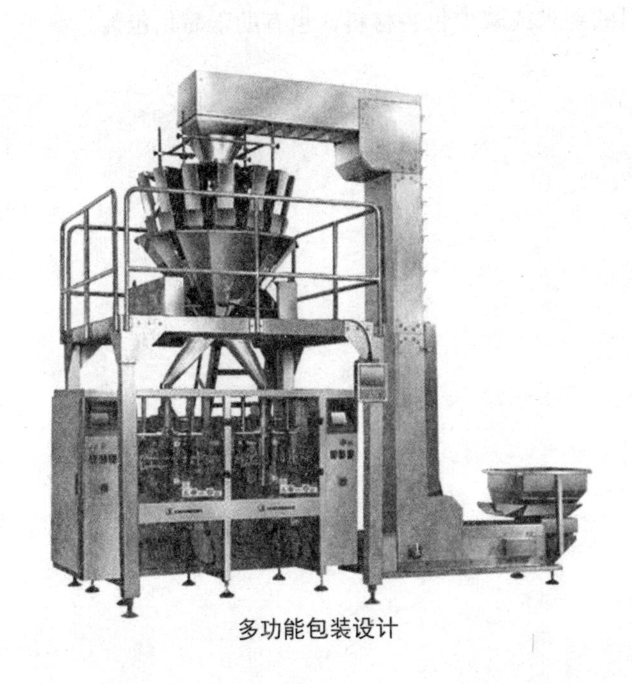

多功能包装设计

新的包装结构设计，不仅节省了包装材料，还节省了包装的成本和空间。

①设计可拆卸的包装结构。

设计可拆卸的包装结构有利于减少包装回收利用的工作量，降低回收成本，提高回收价值。

②设计多功能包装。

例如，日本出现了一些多功能包装。把包装制成展销陈列柜、储存柜、玩具等，延长了包装的生命周期。

又如，为了防止宝贵资源在包装使用完毕后造成浪费，将这些包装瓶按照统一规格制成，彼此可以纵向或横向连接在一起，连接时一个瓶口插入另一个瓶的凹陷处，连接紧密而牢固。这些包装瓶是任何液体或固体产品的理想包装，通过创造性的设计可以增加这些包装的附加值，进而避免资源浪费。

（5）改善产品结构

通过改进产品的结构和形态，提高产品的结构强度或减小产品的质量，可以降低对包装材料的要求或减少包装材料，也有助于简化包装。

第三章

低碳发展，企业的责任

一、低碳企业最有竞争力

企业社会责任是指企业在创造利润、承担法律责任的同时，还要承担对员工、消费者、社区和环境的责任。CSR（企业社会责任）要求企业必须超越把利润作为唯一目标的传统理念，强调要在生产过程中对人的价值的关注，强调对消费者、对环境和对社会的贡献。

在中国，早在春秋时期，诸子百家所进行的“义利之辩”就已经涉及商人在个人私利和社会公益之间的取舍问题。《墨子·尚贤》中说：“据

美丽的田园风光

财不能以分人者，不足与友……为贤之道将奈何？曰：有力者疾以助人，有财者勉以分人，有道者劝以教人。若此，则饥者得食，寒者得衣，乱者得治。”墨子本着“兼爱”的思想，主张有财富要去和别人分享，则天下太平。

一大批仁人志士主张实业救国，发展民族资本主义。许多民族企业在从事企业经济活动中承担的社会责任意识都比较强，体现出了鲜明的“国家兴亡，匹夫有责”的国家意识。同时，中国人的传统伦理道德观念里把“回报社会，造福桑梓”看作是对家门的崇高责任。

改革开放三十多年来，中国企业的发展伴随着国门开放和企业走出去的进程，随着越来越多的中国企业步出国门进行全球投资，中国公司的责任观念和道德标准也延伸到世界各地。中海油事件、温州鞋遭抵制、赞比

要引导企业控制碳排放

亚爆炸事故等，均反映出中国公司在股东责任、社会责任和环境责任方面存在的问题。在现代社会下，企业所面对的竞争威胁正在迫使其改变原有的运作模式。非政府组织、媒体和个人均有权评论企业行为，企业在遵守法律及通过其他方式回应社会期望时正在受到越来越大的挑战。然而，这是压力，更是动力。经济学家王志乐下面的话也许能代表更多人对中国企业未来发展的期许，“国际社会不会仅仅因为中国是发展中国家就对其在海外经营的企业适用相对较低的标准，中国公司在海外必须迅速提升企业责任观念，唯有如此，才能真正走向世界。”

据统计，全球已有2500多家企业发布了各种类型的企业社会责任(CSR)报告，包括安全报告、健康、安全和环境（HSE）报告、企业公民报告和可持续发展报告等。近年来在众多跨国公司的CSR报告对环境表现的描述中，越来越多地出现“碳排放”的内容。国内已有十几个行业的50多家公司陆续发布了年度CSR报告，受此影响，在华跨国公司也发布了各种类型的CSR报告。

2008年底，香港交易所宣布签署公益企业发起的《香港企业社会责任约章》，决心成为肩负企业社会责任的楷模，并把企业社会责任的概念融入公司的策略及营运中，通过与香港交易所业务相关及恰当的途径与权益人在其企业社会责任策略及政策方面做出交流，及让相关的权益人参与其中。特别值得关注的是，香港交易所还签署了香港环境保护署的《减碳约章》，支持减少温室气体排放量的承诺。香港交易所签署这两份约章表明其锐意为工作环境、市场环境、社区及环境的持续发展出力，以及将着力在旗下市场及社区推广合乎社会责任原则的规章。

无论是从世界还是从中国的角度来看，企业社会责任都已经成为21世纪企业价值的重要衡量指标之一。而企业社会责任的重要体现领域，就是环境保护和低碳化可持续发展。然而现实情况是，“在以清洁生产为特点的生态经济以及以节约自愿和再生资源为特点的循环经济领域，我们的企业正面临严峻挑战”。

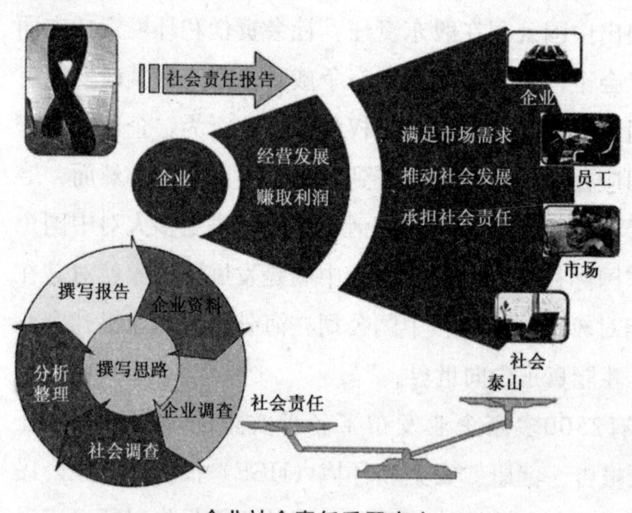

企业社会责任重于泰山

处于目前发展阶段的中国企业，应当被套上环境保护的企业社会责任“枷锁”吗？长期以来的认识是，绝大多数企业的CSR是为商业利益服务的。更高一层次说，是可以而且应该与商业利益紧密结合的。过去，低碳发展一般是企业环境部门负责的领域，而这些部门往往是远离决策中心的。但在认真考量低碳问题后，企业也许很快会发现，碳排放或碳减排不仅是环境问题，也是社会责任问题，更是企业发展战略问题。与其说是环境部门、社会责任部门或公共关系部门的管辖范围，不如说是全企业的努力范畴，而且更多的是业务部门和研发部门的责任。如何改善流程，以更低能耗、低成本、低排放的方式运营？如何加强投资和研发，以提供更低能耗的产品以及低碳解决方案？这些都与企业运营模式和核心竞争力直接相关。

二、高碳企业的低碳转型责任

在人们的印象中，高碳企业就是 “脏”“污染严重”，企业里“晴天一身灰，雨天两脚泥”，在当前低碳发展的企业发展观指引下，每个企业都要走出一条绿色可持续发展之路，努力做到最大限度减少能源消耗，

低碳是工业发展必由之路

最大限度增加废物回收复用，最大限度减少废弃物的排放，最大限度地保护生态环境之路。

1. 高碳行业“前三甲”

国际能源署一份关于不同经济部门二氧化碳排放的统计数据清楚地显示出各个经济部门的碳排放情况。从全球平均水平来看，2001年碳排放最多的行业是公共电力和发热部门，按照从高碳到低碳的排序，依次是交通运输部门、制造业和建筑业、居民部门、其他商业、公共和农业部门，以及其他能源行业。各国的情况大致相仿，碳排放最高的前三名行业是公共电力和发热、制造业和建筑业、交通运输。

无论哪个国家，电力行业都是二氧化碳排放的大户。数据显示，2002年电力行业的温室气体排放量达94亿吨，占全球温室气体排放总量的24%。根据国际能源署的常规预测情景，由于全球电力需求翻番，到2030年，发电产生的温室气体排放量将增至每年168亿吨。五类主要减排措施

都与电力行业相关：减少需求、碳收集和储存、可再生能源、核电以及提高化石燃料电厂温室气体效率。这些减排措施的成本为每吨40欧元或更少。这五大措施加起来，到2030年可能使电力行业温室气体排放量减少到72亿吨，实现巨大减排潜力。

2. 从中国电力行业看企业低碳转型责任

由于地理位置及资源的不同，世界各国对于某种燃料发电的依存度有显著的不同。在亚洲诸国（地区）中，中国内地的电力行业对煤炭的依存度高达82%，位居榜首。我们不妨以中国内地的电力行业的低碳化转型为研究对象，来探讨高碳行业的企业低碳转型的社会责任。

	碳排放总量（百万吨）	公共电力和发热(%)	其他能源行业(%)	制造业和建筑业(%)	内部运输(%)	居民部门(%)	其他商业、公共和农业部门（%）
世界	27898.6	37.2	4.7	16.8	18.4	7.8	5.6
亚洲（不包括中东）	7402.8	41.2	4.5	24.4	13.5	6.9	6.3
欧盟	6156.9	40.2	4.2	16.9	19.2	12.1	6.0
美国	5689.2	42.3	4.6	11.5	30.3	6.3	4.7
中国	3167.3	44.6	4.5	29.3	7.4	6.9	5.6
印度	1046.1	53.0	2.5	21.1	12.0	7.7	0.6
日本	1182.7	34.9	3.3	19.1	22.1	5.4	10.9
加拿大	513.0	25.9	11.2	16.8	28.8	7.7	10.8

世界主要国家碳排放数量表（2001年）

中国经济的快速发展推动了火电的迅速增长。截至2008年底，我国发电设备装机容量达到7.92亿千瓦，其中火电装机占75%。但与此同时，大规模的火电发展也给中国造成了巨大的环境损失，特别是燃煤发电产生的大量二氧化碳排放，是导致气候变化的主要原因。

中国的发电行业以大型集团为主，装机容量排名前十的发电集团依次是：中国华能集团公司、中国大唐集团公司、中国国电集团公司、中国华电集团公司、中国电力投资集团公司、中国长江三峡工程开发总公司、广东省粤电集团有限公司、浙江省能源集团有限公司、中国神华集团公司和华润电力控股有限公司。2008年，十大发电集团的装机占全国总量的57%，发电量占全国总量的58%，因此，在应对气候变化的形势越来越严峻的今天，这十家企业在带领中国电力行业优化能源结构方面有着不可推卸的责任。

2008年发布的《煤炭的真实成本》报告，第一次系统地量化了中国煤炭使用导致的环境破坏。报告指出中国每使用一吨煤带来的环境损失相当于150元人民币（由于数据不足，这一结果并未包含气候变化的损失），主要包括空气污染、水污染、生态退化以及对人体健康的影响。以此估算，这十家企业所消耗的煤炭造成的环境损失在一年间就高达870亿元人民币，相当于127亿美元。

更进一步考虑到气候变化的影响，一个电力企业所消耗的煤越多，其二氧化碳的排放量就越大，对气候的影响也就越严重。排名前三的发电集团（华能、大唐和国电）的二氧化碳排放总和，已经超过了同年英国全国的温室气体排放量水平。对煤炭的过度依赖已经带来了沉重的经济、环境和社会成本。

《中国发电集团气候影响排名》的报告还综合衡量了各发电集团每发一度电造成的气候影响。在日本，每度电的二氧化碳排放量是418克；在德国，每度电的二氧化碳排放量是497克；在美国，每度电的二氧化碳排放量是625克。十大发电集团中的大多数每发一度电的二氧化碳排放量是日本电力行业平均水平的1.8倍。与发达国家相对比，中国的电力行业每发一度电，对气候造成的破坏更大。造成这一指标高的主要原因，首先是火电装机设备平均效率低，还须进一步淘汰更新；其次是中国大型发电集团对煤炭过度依赖，可再生能源发电所占的比例太小。继续通过提高设备技术水平来提高能效，同时大力发展可再生能源，是进一步改进发电结构的出路。

火力发电要低碳

电力行业在保障中国经济发展、人民生活水平提高等方面发挥了极其重要的作用。但作为中国的污染大户，电力行业必须承担尽快帮助中国调整其能源结构的艰巨责任。

特别值得强调的是，电力企业应该在国家应对气候变化的政策框架下制订并公布具体的应对气候变化策略，以控制并减少二氧化碳排放量。大型发电集团作为中国的温室气体排放大户，其应对气候变

风力发电越来越普及

化的表现将直接关系中国能否完成“2020年前比2005年大幅降低碳排放强度”的郑重国际承诺，对中国能否实现低碳化可持续发展意义重大。

三、企业的碳资产管理

碳资产管理，随着近几年国际碳交易市场的发展，这个概念逐渐被人们知晓。如今，如果在百度上搜索“碳资产管理”，相关链接有近2万条；如果在谷歌上输入“碳资产管理”，出现的搜索结果则多达156万多条。这至少能说明两点：第一，碳资产管理的概念很大程度上是舶来品；第二，与中国相关的碳资产管理正在风生水起。

从2005年《京都议定书》生效以来，国际碳交易市场呈爆炸式增长。2006年交易额仅有312亿美元，而2008年全球碳交易市值近1300亿美元，

低碳车间

碳资产增长速度远远超过人们的预期。据英国新能源财务公司于2009年6月19日发布的预测报告，全球二氧化碳交易市场2020年将达到3.5万亿美元。其中，中国是清洁发展机制(CDM)最大供给国，2008年中国CDM项目产生的CER成交量已占世界总成交量的84%。联合国EB每年注册CDM项目（来自中国）预期产生减排额CER达1.9亿吨，2008—2012年累计碳交易资产将达到7.6亿吨，按照目前发改委最低指导价格每吨8欧元计算，累计碳资产交易金额将达到60.8亿欧元（90.45亿美元），这还不包括中国各省市、自治区如雨后春笋般正在申请国家批准的清洁发展机制项目，目前由国家发改委批准的项目已多达2232个。中国的碳资产规模之大，对于碳资产潜在所有者的企业来说，如果不能高度关注，将可能丧失重大机遇，或者遭遇隐性风险。

清洁生产的大敌——二氧化碳

欧盟、日本以及美国的很多企业，由于一直比较重视对低碳的研究，如今已经大幅度加速了企业低碳竞争力的提升。丹麦很多企业掌握的能源技术产品和服务水平已经处于世界领先水平，其相关技术出口收入近些年获得大幅提升；日本大力发展光伏技术，其光伏企业已占领该行业的国际高端市场。尽管美国没有承诺国家减排义务，企业也是自愿减排，但美国的很多企业已是节能降耗和减排技术的世界级领先者，其技术和服务已经拥有国际市场，渗透到诸多领域。由此，中国企业应从战略发展和未来生产力竞争的高度去看待低碳问题。因此，企业一定要从碳资产管理的高度来认识低碳发展，而绝不仅仅是为了减少能耗而节约成本，或者是适应国际气候谈判的压力而体现出的一种企业环境和社会责任。

1. 企业碳足迹评估和碳披露

气候变化已经成为全球工商业可持续发展的重要议题。碳足迹让企业能够评估对环境造成的影响，也能帮助了解自己在哪些地方排放了温室气体。这对于在未来减少排放极为重要。碳足迹也为评估未来的减排状况设定了一个基线，也是确定未来可在哪些地方采用何种方式减少排放的一个重要工具。

越来越多的投资者、政府和其他利益相关者会要求企业量化其对环境的影响。此外，也有越来越多的企业将评估碳足迹作为企业社会责任(CSR)项目的一部分，目的就在于确保自己是一个负责任的、合格的企业公民。因此，由第三方提供的精确、独立的碳足迹报告能够为利益相关者提供他们所需的信息，也能够让企业承担起对利益相关者以及对社会应负的责任。

在碳足迹评估的基础上，企业进一步向公众进行碳披露，将是促进利益相关方沟通理解、加强自身和外部监督的重要举措。作为WWF（世界自然基金会）“碳减排先锋”之一的IBM，一直以来都强烈支持向公众公布排放数据。

一些国家已经着手开展“碳披露计划”。尽管这项计划的进展并不令

碳足迹

人满意，但还是反映出很多有价值的信息。“碳披露计划”是世界上最大的投资者，也是合作应对气候变化项目的组织者，代表了385家金融机构投资人的利益，他们名下掌控了多达57万亿美元的资产。参与该计划的公司分布在不同的国家和行业，他们要求报告碳足迹和气候变化相关信息，包括温室气体排放数据、减排目标和气候变化策略，公布发现的问题以测量供应链的碳风险和责任。当然，该项计划的推进也存在重重阻力。一些企业拒绝向该组织报告碳排放数据，还有一些企业虽然向“碳披露计划”报告了企业排放的详细资料，但条件是这些资料不能向公众发布。

通过碳披露计划，政府、企业或者个人了解和掌握了一些企业排放情况。而企业通过向公众披露数据，一是督促自身加强掌握碳排放情况和碳减排潜力的能力，二是等于表明向公众承诺减排和承担企业社会责任的态度。

2. 碳足迹评估标准

确定个人的碳足迹相对简单，但对于一个企业而言就比较复杂了。这是因为企业的碳足迹包含了十分广泛的排放源，从材料的运输过程到工厂的能源消耗无所不包。

为了帮助企业精确、系统地计算碳足迹，一系列的解决方案和专业组织相继诞生。其中接受度最高的是温室气体盘查议定书。该议定书是由世界可持续发展工商理事会(WBCSD)和世界资源研究所(WRI)共同发起和完成的。

欧美发达国家对碳排放评估起步较早，想法更领先，在碳减排方面实践经验丰富。现有的碳评估理念和标准基本由西方国家制定。2008年10月，英国标准协会、英国碳信托有限公司(Carbon Trust)和英国环境、食品与农村事务部联合发布了碳足迹新标准PAS2050《商品和服务生命周期温室气体排放评估规范》。借助这项新标准，企业可以对其产品和服务的碳足迹进行评估。该标准称之为PAS2050，是计算产品和服务在整个生命周期内（从原材料的获取，到生产、分销、使用和废弃后的处理）温室气体排放量的一项标准。PAS2050标准的宗旨是帮助企业在管理自身生产过程中所形成温室气体排放量的同时，寻找在产品设计、生产和供应等过

牛奶业也要低碳

程中降低温室气体排放的机会，帮助企业降低产品或服务的二氧化碳排放量，最终开发出更小碳足迹的新产品。

PAS2050标准是采用英国标准协会严格的会议程序而制定的，包括英国和其他国家在内的近1000位业内专家参与了该项工作。最终，该标准制定了一个比较健全完善的框架，企业和公共部门可以在该框架范围内按照一个统一标准来评估其产品和服务的温室气体排放量。英国碳信托有限公司首席执行官Tom Delay表示："长久以来，这是企业首次拥有一项可以测定产品和服务碳足迹的完善统一的标准。"此前，英国碳信托有限公司已尝试在多家企业约75种产品中试行PAS2050标准，这些公司包括百事可乐、博姿、马绍尔、特易购等。

现在这个标准正在向全球扩大使用范围。2008年7月，英国碳信托有限公司与中国节能投资公司(CECIC)签订了合作备忘录，以期建立合资公司，共同发掘中国节能减碳的商机。同年9月，英国碳信托有限公司正式进入中国市场，目前正与中国节能投资公司(CECIC)携手研究PAS 2050标准在中国市场的应用。

英国碳信托有限公司由英国政府成立，除了跨产品的碳足迹评估，还致力于行业碳足迹评估标准的开发研究。2009年8月，英国奶协宣布与英国碳信托有限公司合作，制定英国奶业碳足迹指南，促进奶业企业之间的碳足迹对比，从而改善各自的环境表现。并由此获得零售商和消费者的更大认同。奶业企业及相关领域的企业，如农业企业等，将给予该项目支持。

低碳经济的重要性日益提上各国政府议事日程。无论是发达国家还是发展中国家，企业作为减排主体的碳足迹测量评估都是国家推动减排决策的信息基础。未来企业要打造低碳战略，其低碳领导力和竞争力的重要指标将依此确定。目前，发展中国家在碳足迹评估和监管方面还十分欠缺，因此很有必要加强我国在碳足迹评估标准方面的研究和主导权。

四、我国企业的低碳战略先机

从目前来看，无论是碳足迹披露还是碳足迹标准和核定，英国等欧盟国家都走在了前列。在中国，“低碳战略”是一个新鲜词汇，“碳资产管理”则更像是一个另类概念。但是，前沿并不代表脱离实际，很可能代表着未来的方向。

前瞻性的中国企业，特别是有大量能源生产或者消费的企业，应该预先引入企业碳资产管理的概念，进行企业碳资产审计，建立自己的碳资产负债表。一家企业只要有碳排放，就会形成潜在的碳资产或者碳负债，管理得好是潜在的资产，管理得不好就可能是隐藏的负债，未来会对企业带来不利影响。

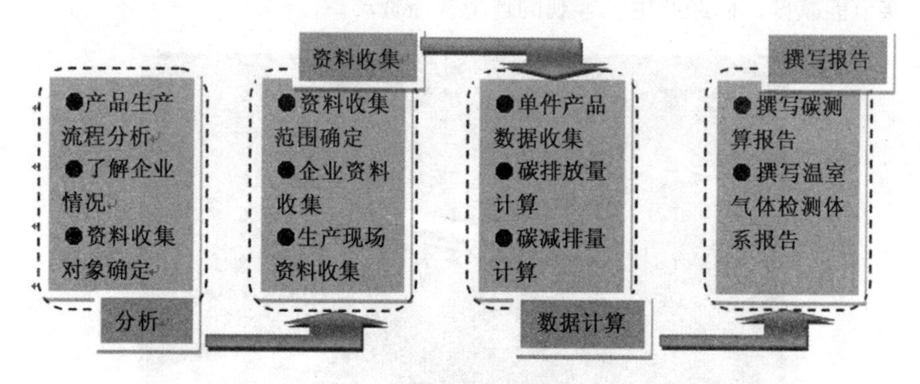

碳资产管理图

相应的数据调研已经悄悄开始。2009年2月14日，以扶持、促进落后产能企业转产和推动排放权交易为宗旨的“企业转产中国行——落后产能企业排查行动”在北京正式启动。这次活动由中国中小企业协会、中国光华科技基金会、国家落后产能转产推进委员会共同主办。同时天津成为该行动的第一个合作排查城市，率先为推动我国节能减排提供基础数据信息。

“企业转产中国行”将在全国范围内开展一些活动，包括：分区域、分行业、以点带面对落后产能企业进行系统排查，了解并收集其资金、资产、人员状况；对已关停并转和即将关停并转的企业进行数据统计和分析，包括煤耗量、煤含硫量，闲置资产、土地状况和下岗员工情况等；摸清核实“十一五”期间通过关停并转落后产能企业而产生的节能和二氧化碳、二氧化硫等排放数据。这样可以为推进我国节能减排工作提供基础数据。首批排查在全国选择10个市县进行，计划6～8个月完成。专家估算，“十一五”期间将淘汰2.5亿吨标煤落后产能。

国家发展规划明确提出了节能减排的目标和定量指标，如“单位GDP能耗下降20%；主要污染物包括二氧化硫和化学需氧量下降10%；可再生能源比重提高到10%左右、森林覆盖率达到20%等目标”。事实上，近年来我们已经取得了明显的减排成效。从政策层面发力，通过企业切实节能减排，已经产生了客观的环境权益资产。

天然气替代石油

摸清区域企业节能减排情况有助于下一步国家制定决策确定方向，以及在操作层面推动指标分解和完成初始排放权的分配。归根结底减排还是要落实到每一个企业实体。

在切实掌握自身碳排放信息的基础上，企业要对碳减排空间资源或者碳排放增长潜力做到心中有数，设立相应的碳资产管理机构或外包。目前，在中国已经形成了碳资产管理的服务链条，尽管还很不完善。比如，北京和上海有超过100个私营项目开发商、碳中介和碳咨询机构，他们竞争激烈，合作有限，主要致力于帮助企业确定和开发碳减排额。一个新的趋势是，那些潜在减排潜力巨大的企业，特别是一些高碳行业的央企，正在尝试着建立自己的碳资产管理公司。2008年6月25日，中电投（北京）碳资产经营管理有限公司成立。该公司由中电投集团公司成立，注册资本金1000万元人民币。成立碳资产公司旨在积极推进集团公司和相关企业的清洁能源的发展和节能减排工作。该碳资产公司的前身——CDM开发中心已经对近50个项目进行CDM项目和VER项目开发，项目遍布20个省市自治区，销售总量达1700万吨二氧化碳。此外，大唐、华能等电力公司都有自己的CDM中心。

无论是自己设立碳资产管理机构或外包，培育和实现减排量是企业参与碳排放交易的前提。企业必须从战略的高度去认识全球气候变暖和排放权分配可能对未来世界图谱产生的深刻影响。

第一，低碳战略会成企业未来竞争优势所在。未来随着欧美企业承担强制性的减排指标，企业碳资产状况必然成为企业主要的财务信息，超额减排企业形成碳资产，达不到要求则形成碳负债，就需要去碳交易市场购买减排额度。上市公司势必被要求披露这一信息，中国大量公司在海外上市，很可能面临同一要求。

第二，绿色消费正在形成一股新浪潮，低碳企业必是人心所向。随着低碳经济的概念在国外消费者中普及，未来像绿色食品一样，在商品上标识全生命周期二氧化碳消耗情况的碳足迹将变得越来越普遍。详尽掌握企

倡导绿色消费

业碳资产状态，能够对产品进行碳标识更有利于进入发达国家市场。在国内钢铁企业中，重庆钢铁公司已经在做这方面的尝试了。

第三，企业在节能减排和技术升级的投入方面可以形成潜在的碳财富，理论上可以变成现实。但前提是企业必须摸清自己的碳资产情况，并按照成本收益的比较对碳资产的使用作统一安排，确立企业的碳资产管理策略。

大量企业的实践说明，大部分低碳技术和措施是可以产生额外经济效益的，能够有助于提高企业赢利水平和提升企业竞争力。莱钢通过实施低碳技术创新，加快节能减排技术改造和升级步伐，自2001年来共获得了83亿元的经济收益，相当于其全面销售收入的10%左右，大大降低了生产成本，提高了赢利水平。

从上述数据可以看出，通过低碳发展所取得的经济收益已经成为企业利润的重要来源，低碳发展正成为扩大市场规模外推动企业发展的重要一极，创造了企业新的经济增长点。

五、低碳时代的先行者

一些高碳企业赢利受到冲击的同时，在碳定价机制下，并非所有的企业都是前途黯淡。也有一些行业和企业因此而受益，体现为以新能源产业链为代表的直接受益群体，以及银行和碳交易所等碳金融机构组成的潜在受益群体。

薄膜太阳能利用

直接受益群体以新能源产业链为代表，包括以低碳为特征的新能源组合和新能源利用模式的协同崛起。

首先，通过低碳途径发电的企业，包括水电、风电、地热及太阳能发电。这些企业可能更具成本优势。还包括那些提供设备或服务以帮助其他企业产生低碳发电解决办法的企业。

具体来看，在光伏方面，国家能源局可再生能源司副司长史立山日前表示，国家将择机推出光伏上网标杆电价。一旦确定了光伏上网标杆电价，就意味着国家认为光伏产业已趋成熟，将放开项目管制。而现在，光伏还是以项目招标的形式发展。一些风险投资界人士认为，光伏设备产业的投资机遇在于找到少数拥有核心技术的设备商。另外，薄膜太阳能有望成为新的增长点。

在风能方面，国内风电整机制造商达70多家，湘电股份、金风科技、东方电气是其中的龙头。此外，还有100多家零部件制造商。虽然该行业相关产品国产化率达到70%，但是国内企业并未掌握关键部件的核心技术。在风电市场方面，国家能源局确定今后每年保持约1000万千瓦的规模，加上中国在规划7个千万千瓦级风电基地，因此，风电设备制造业未来几年的市场份额有望保持稳定增长。

其次，以铀为代表的核能开发使数家与核价值链相关的上市企业，包括开采、浓缩、泵、锅炉、管道、涡轮机、反应堆及工程企业也能从中获益。

核能方面，从在建及发改委批复的情况来看，2020年核电实现7000万千瓦装机容量的目标是比较有保证的，乐观估计最高可以达到1亿千瓦。而现在核电装机还不到1000万千瓦，未来发展空间巨大。

再次，节能减排领域也是重点之一。中国清洁发展机制基金管理中心最新统计数据表明，2008年度中国CDM清洁发展机制项目获得联合国CDM执行理事会签发的核证减排量为7420万吨二氧化碳当量，占当年全球签发总量的53.8%。截至2008年12月31日，中国CDM项目获得签发的累计核证减排量为9999万吨二氧化碳当量，占全球累计签发总量的

核能发电

41.6%。CDM核证量的增加反映了国内CDM项目的前期准备日趋成熟，低碳项目申请CDM的成功率显著提高，申请周期显著缩短，这有利于提高投资人的回报率，进一步激发民间资本投资低碳项目的热情。

全球碳减排框架下的潜在受益者，还包括各类型的碳金融机构。据世界银行的数据显示，2008年碳市场规模近1300亿美元。假设未来全球碳交易机制旨在减排约20%，据粗略估计，全球碳交易市场规模可达近9520亿美元。而据专家预计，到2020年，全球碳市场的整体规模将超过1万亿美元。随着碳交易市场的蓬勃发展，总量限制与交易机制和其他监管措施在各国陆续出台，更多的行业及企业开始涉足这一领域，将为与碳排放相关的融资服务、交易机制、产品设计和咨询中介等开创巨大的市场空间。

碳交易市场的蓬勃发展和人们对环境问题的不断重视，使得碳排放成为与企业获取商业机遇和社会评价的重要市场标准和经营环境。后京都时代全球碳减排框架的三种可能模型都会对不同行业和企业产生巨大赢利影响。各国内部定价机制（即碳交易或碳税）作为实际可能性最大的情形，将对高碳行业造成巨大潜在负面影响，但不同企业的赢利空间也很大程度取决于行业和其自身的成本转嫁能力。同样，碳定价情况也会给一些行业带来巨大机遇，包括以新能源产业链为代表的直接受益群体，以及银行、碳交易所等碳金融机构为代表的潜在受益群体。

作为企业来说，应当高度关注企业运营的碳环境，并对自身的成本结构、成本控制能力和成本传导机制有充分认识。对于投资者来说，能否挖掘那些低碳时代的行业和企业新星，将是决定其成败的重要因素。

碳交易漫画

人类要努力留住绿色

企业是以盈利为目的的经济组织，任何影响企业盈利的行为都是企业极力回避的。如果制造企业为了环境友好运营而丧失了经济性和营利性，那么任何制造企业都没有积极性去实施环境友好运营。然而制造企业的环境友好运营能够降低资源和能源的消耗、降低企业对环境的影响（主要是负面影响），产生了较大的社会效益，这实际上也是中国制造企业低碳化的起步。正是由于环境友好运营，制造企业得以按照自然生态系统的模式组织实施生产，从而达到了资源消耗的“减量化、资源化和再利用”原则。资源枯竭已经成为我国不少城市经济社会发展的主要瓶颈，以发展环境友好制造企业为宗旨的低碳化运营对于这些地区制造企业的转型尤为重要。为了企业自身的可持续发展，制造企业对于能源消耗的边际成本必然

上升极快，这一状况也会引致企业的生产成本迅速上升，最终使企业陷入破产的境地。为了避免上述现象的发生，不少制造企业已经开始寻求新的低碳能源，如氢能源、太阳能等。在发展过程中也开始注意提高能源的使用效率和尽可能减少排放，事实上排放的减少也就意味着资源的使用效率得到了提高。企业的环境友好运营实际上对于企业来说是节省了成本，由此为企业带来了竞争优势。

如果我们把制造企业的生产过程视为一种输入、转换和输出系统，并且假设制造企业的输入、输出都是同质化的，那么制造企业的竞争优势往往源于其高效的转换过程。事实上，一个制造企业的竞争优势取决于产品和服务的竞争力以及制造成本的压缩。压缩成本的最直接途径就是降低生产过程中的消耗，这实际就是企业低碳运营的一个重要手段。当前实务界和学术界用生态效率来评估企业的竞争优势。

对于制造企业来说，可持续发展首先必须是经济学意义上的，否则制造企业的发展就是一句空话。日本经营之神松下幸之助说过一句话：“一个企业如果不关注盈利，那么这个企业就在犯罪”。因此制造企业

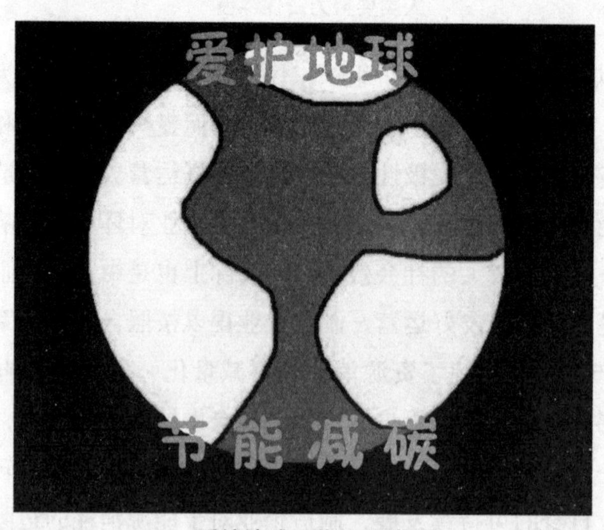

爱护地球，节能减碳

在实施环境友好的过程中必须充分运用经济手段和企业制度来引导其开发低碳技术、寻求替代资源、淘汰高耗能的工艺、技术和产品。

未来制造企业的竞争优势考察的是其系统的竞争优势，制造企业的低碳化发展必然涉及自然环境、技术、经济、社会等多方面因素。低碳化赋予了制造企业新的价值观，盲目追求扩大规模和数量的增长不再是制造企业的主要发展路径。低碳、系统化、全面考虑企业发展与自然环境和资源之间的关系将逐渐成为制造企业获取竞争优势的基础。制造企业与外部环境的和谐共生就需要制造企业在发展过程中最大限度地降低制造过程和消费过程对自然环境所造成的影响（无论是积极的还是消极的），这实际就是制造企业与环境的共生过程。

六、制造企业的环境友好选择

资源稀缺是西方经济学分析的根基，这也是经济发展的现实问题。制造企业发展过程中必然受资源稀缺这一现实的制约，正是基于此，经济增长也必然存在着其自身的极限。资源稀缺的思想使我们认识到制造企业在不断向自然环境索取资源的过程中，其边际成本不断增加而边际收益却在不断减少。为了解决资源短缺的矛盾，人类社会在不断寻求替代能源。化石燃料短缺，人类就开始寻求生物能源；生物能源短缺，人类就开始利用太阳能。而太阳能的转化不是无成本的，依然需要相关设备才能实现，遗憾的是设备本身也不是无限量的。不难发现替代总是有尽头的，当制造企业在发展过程中发现很多资源不可替代时，也许经济发展也就到了尽头。克服制造企业资源的稀缺性和人类需求不断提升之间的矛盾一直是经济学界十分热衷的问题，经济学家力求通过市场机制进行调节，然而无论如何调节也无法解决上述矛盾。显然解决上述问题

生物能源生产糖和酒精

的根本途径除了革新技术、寻求替代资源外，最为关键的是提高资源的利用效率，尽可能节能减排，制造企业的环境友好运营实际就是一种低碳化的运营。

反思制造企业的生产和人类社会的消费方式，也许我们能够认识到只有制造企业的环境友好运营和人类社会的环境友好消费才能让社会经济最大限度地得到可持续发展。自然资源是有限的，人类社会的所有资源都是受约束的，制造企业在向自然索取资源进行发展的过程中需要思考的一个问题就是如何让自然资源、社会资源最大限度地永续利用。制造企业的可持续发展就是人类社会的可持续发展，因此在利用资源的过程中我们就不得不考虑资源的减量化(Reduce)、再循环(Recycle)、再利用(Reuse)问题，这实际就是循环经济的3R原则。可持续发展问题一直是学术界和实务界关注的问题，众多学科和行业都一直在关注这一问题，20世纪90年代后，可持续发展问题的研究逐渐集中到环境、区域经济等宏观领域。在产品制造中保护环境、节约能源、利用低碳技术进行环境友好运营是制造企业未来发展需要考虑的重要因素。随着消费者生活水平的提高，自然资源和社会环境都将得到最大限度的保护和改善，知识成为经济发展的新引擎，知识资源和传统的资源有着天壤之别，知识资源极大丰富，知识的边际成本实际是不存在的，而知识的边际收益也不再递减。因此为了改变制造企业受资源和环境的约束限制，尽可能绕开经济增长极限的“魔咒”，知识成为一种可以不断传承和反复使用的资源，而且知识资源并不会因为使用和消耗而消失，相反，知识资源的使用和消耗只会让知识本身更丰富。用知识发展经济，用知识制造产品，用知识传递服务，这对于制造企业提升整体竞争力是大有裨益的。

我国制造企业的整体管理依然存在着诸多问题，管理落后、技术水平滞后是中国制造企业面临的现实问题。中国依然是发展中国家，发展一直是中国的第一要务，只有坚持发展不动摇，中国制造企业才有可能达到世界发达国家的水平。而发展就意味着高消耗和高排放，这正是发达国家限制发展中国家发展的一个完美借口，这一借口使得发达国家的低碳技术就有了出口场所，新一轮经济增长中发展中国家如果不能快速地把握低碳技术，那么新的经济增长过程中发展中国家的附加值依然会较低。当低碳标准成为全球制造企业生产产品的标准之一时，温室气体和气候变化之间的关系就显得不重要了，重要的是基于低碳技术的产品生产将成为市场准入的基本条件。

第四章

节能减排与清洁生产

一、节能减排，时代的呼唤

能源是人类社会赖以生存和发展的重要物质基础。综观人类社会发展的历史，人类文明的每一次重大进步都伴随着能源的更替和改进。能源的开发利用极大地推进了人类社会和世界经济的发展。过去100多年里，发达国家先后完成了工业化，消耗了地球上大量的自然资源，特别是能源资源。当前，一些发展中国家正在步入工业化阶段，能源消费增加是经济社会发展的必然趋势。

1．节能减排的形势

近几年，全国上下加强了节能减排工作，国务院发布了加强节能工作

呼唤全民节能减排

的决定，制定了促进节能减排的一系列政策措施，各地区、各部门相继做出了工作部署，节能减排工作取得了一定进展。

中国是目前世界上第二位能源生产国和消费国。能源消费快速增长为世界能源市场创造了广阔的发展空间，能源供应持续增长为经济社会发展提供了重要的支撑。中国已经成为世界能源市场不可或缺的重要组成部分，对维护全球能源安全正在发挥着越来越重要的积极作用。

2. 节能减排的工作重点

《中华人民共和国节约能源法》指出“节约资源是我国的基本国策”，“国家实施节约与开发并举、把节约放在首位的能源发展

节约能源人人有责

发展经济离不开环境保护

战略”。

要进行节能减排，应着力从以下几个方面努力。一要优化产业结构。要大力发展第三产业，以提高社会效率和专业化分工为重点，积极发展生产性服务业；以满足人们需求和方便群众生活为中心，提升发展生活性服务业。要大力发展高技术产业，坚持走新型工业化道路，促进传统产业升级，提高高新技术产业在工业中的比重。要积极实施“腾笼换鸟”战略，加快淘汰落后的生产能力、工艺、技术和设备；对不按期淘汰的企业，要依法责令其停产或予以关闭。

二要大力发展循环经济、低碳经济。要按照循环经济理念加快园区生态化改造，推进生态农业园区建设，构建跨产业生态链，推进行业间废物循环。要推进企业清洁生产，从源头减少废物的产生，实现由末端治理向污染预防和生产全过程控制转变，促进企业能源消费、工业固体废弃物、

包装废弃物的减量化与资源化利用，控制和减少污染物排放，提高资源利用效率。

三要强化技术创新。要组织培育科技创新型企业，提高区域自主创新能力。加强与科研院所合作，构建技术研发服务平台，着力抓好技术标准示范企业建设。要围绕资源高效循环利用，积极开展替代技术、再利用技术、资源化技术、减量技术、系统化技术等关键技术研究，突破制约循环经济发展的技术瓶颈。

四要加强组织领导，健全考核机制。要成立发展循环经济、建设节约型社会的工作机构，研究制定发展循环经济、建设节约型社会的各项政策措施；要设立发展循环经济、建设节约型社会的专项资金，重点扶持节能降耗活动、循环经济发展项目、减量减排技术创新补助等；要把万元生产总值、化学需氧量和二氧化硫排放总量纳入国民经济和社会发展年度计划；要建立健全能源节约和环境保护的保障机制，将降耗减排指标纳入政府目标责任和干部考核体系。

3.节能减排的意义

中国是当今世界上最大的发展中国家，摆脱贫困，发展经济是中国政府和中国人民在相当长一段时期内的主要任务。20世纪70年代末以来，中国作为世界上发展最快的发展中国家，经济发展取得了举世瞩目的辉煌成就，成功地开辟了中国特色社会主义道路，为世界的发展和繁荣做出了重大贡献。

我国经济快速增长，各项建设取得了巨大成就，但也付出了巨大的资源和环境代价，经济发展与资源环境的矛盾日趋尖锐，这种状况与经济结构不合理、增长方式粗放直接相关。只有坚持节约发展、安全发展、清洁发展，才能实现经济又好又快发展。同时，温室气体排放引起全球气候变暖，备受国际社会广泛关注。进一步加强节能减排工作也是应对全球气候变化的迫切需要，更是我们应该承担的责任。

经济增长要和保护环境并举

中国政府正在以科学发展观为指导，加快发展现代能源产业，坚持节约资源和保护环境的基本国策，把环境友好型社会放在工业化建设、建设资源节约型社会、现代化发展战略的突出位置，努力增强可持续发展能力，建设创新型国家，继续为世界经济繁荣和发展做出更大贡献。

二、低碳经济与节能减排的对接

在现阶段，节能减排应该是我国低碳经济发展的着力点。我国正处于工业化、城市化进程加快过程中，能源需求仍在急剧增长，以煤炭为主的能源结构一时难以改变，同时高耗能、高排放行业在工业产业结构中占很

节能减排宣传画

大比例，且发展方式比较粗放，这就决定了我国发展低碳经济要以节能减排为重要抓手，在发展低碳产业的同时，更要注重产业降碳，降低能耗，减少污染，以减轻经济发展对资源、能源和环境的压力。

1. 节能减排向低碳经济转型

国家发改委能源研究所副所长表示，节能减排向低碳经济转型是一个新的概念，它是全球可持续发展的必由之路。

国家发改委能源研究所副所长指出，节能减排向低碳经济转型是落实科学发展观、实现经济结构转换、实现经济可持续发展的必然选择。纵观我国的发展历程，能源消耗前20年翻了一番，后9年的时间能源消耗也翻了一番，达到了31亿吨标准煤，这给能源供应造成了很大的压力。因此如何使经济发展和能源消耗之间达到一个平衡状态，是现阶段发展需要研究的问题。

国家发改委能源研究所副所长指出：资源、环境、人口的平衡发展对低碳经济提升提出了要求，能源供应段逐步增加高效清洁、低碳无碳、连续再生、永续利用的可再生能源的比重。同时使用端要进一步节能减排，挖掘潜力。

2.发展低碳经济落实节能减排目标

中国的长期发展战略要积极地借鉴、吸收、消化低碳经济的发展理念，加快实现国家战略部署，及早开展各项相关行动；增强自主创新能力，开发低碳技术、低碳产品；积极运用政策手段，为低碳经济发展保驾护航。

环保民间组织要增强相互信任、相互理解、相互支持，在与政府合作中谋求发展；要发挥组织优势，为低碳经济发展身体力行；要加强组织建设，在制度创新中增强活力；要加强能力建设，在沟通中求得社会支持；要加强思想建设，在环保事业中履行使命。

3.发展低碳经济推动节能减排

为积极应对国际金融危机的冲击，我们要在努力保持经济平稳、较快发展的同时，把克服当前困难与实现可持续发展有机结合起来，加快结构调整，促进产业升级，发展低碳经济，促进节能减排，加快建立适应可持续发展要求的生产方式和消费方式，努力建设资源节约型、环境友好型社会。

当前，我们按照建设资源节约型、环境友好型社会的要求，发展低碳经济，促进节能减排，推动绿色增长，要扎扎实实做好大量艰苦细致

的工作。

首先要提高对发展低碳经济的认识，充分发挥各方积极性，加大对自主创新的投入，重点突破制约经济社会发展的关键技术，加快发展风能、太阳能等可再生能源，加强研发和推广环保技术、节能技术、低碳能源技术和碳捕捉等技术，加快开发智能电网、洁净煤、新能源汽车，加快建筑节能步伐等，促进我国低碳经济的健康发展。

我们还要坚定不移地加快转变经济发展方式，推动产业结构优化升级，大力推进信息化与工业化融合，加快发展现代能源产业和综合运输体系，提升高新技术产业，发展现代服务业，淘汰落后生产能力。要避免盲目地扩大再生产和资源浪费，注重废旧资源的循环再利用，做到“再减量、再回收、再利用”，发展循环经济。

另外，要通过法律、税收、财政转移支付等政策手段，对环境友好和资源节约的产业进行倾斜和优惠，而对传统的低附加值和高污染的产业进行限制。要进一步完善激励低碳消费的政策措施，在不断挖掘城乡有效消费需求、提升消费意愿和购买力的同时，注重提高消费的质量，避免盲目的浪费行为，抑制不利于资源节约和环境友好的消费方式。

我们要积极引导有利于发展低碳经济的消费方式，动员全社会的力量努力营造有利于发展低碳经济的消费氛围。要通过丰富多彩、通俗易懂的宣传方式，深入地开展节能减排、低碳经济的宣传教育活动，促使人们接受低碳消费的理念并积极实践。

我们一定要抓住当今世界开始重视低碳经济发展的机遇，推进技术进步，提高能源利用效率，发展低碳能源和可再生能源，改善能源结构，为建设资源节约型、环境友好型社会，实现经济社会可持续发展提供新的不竭动力。

三、石油化工行业节能减排

目前，我国石油化工行业有不同规模和所有制企业10万多家，其中20多种主要产品的产量位居世界前列，中国已经成为世界石油化工大国。作为国民经济的重要产业，石油化工行业在我国做好节能减排目标方面具有举足轻重的地位，也具有很大的潜力。

1. 石油化工行业的发展现状

虽然我国石油化工行业的规模已经位于世界第三位，但96%是中小企业，工艺技术相对落后，传统的高污染、资源性、高耗能、低附加值的产品占了绝大多数。尽管精细化工、石油化工等有所发展，但调整产品结构、企业组织结构、行业产业结构难度非常大。再加上在生产过程中排放的许多污染物还没有切实可行的治理办法，行业节能减排的任务非常艰巨。

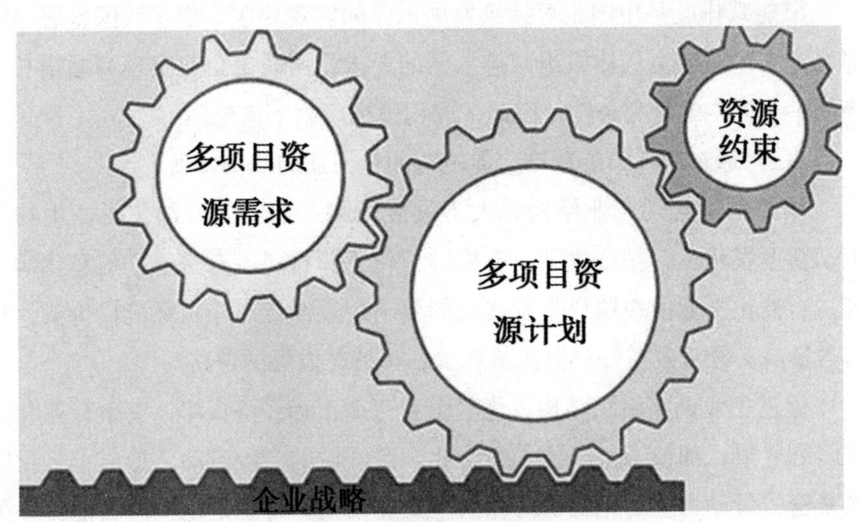

社会资源要合理化配置

在环保部公布的废水、废气污染源国家重点监控企业中，石油和化工企业分别有482家和803家，分别占全部重点监控企业的13.4%和25.8%；由国家发展和改革委员会公布的重点耗能企业中，石油和化工企业有340家，占其总数的1/3。当前石油化工行业在节能减排工作中存在的突出问题是高污染、高耗能产品产能增长过快，抑制难度比较大；节能减排技术的推广、开发力度不够和节能减排的基础工作严重滞后。

根据国家统计局公布的数据显示，2005年我国石油化工行业总能耗3.048亿吨标准煤，占全国总能耗的15%。石油化工行业万元GDP能耗是0.903吨标准煤，与国外同行业相比，平均高15%～20%。由此可见，石油化工行业既是能源消耗大户，也是能源生产大户，石化业能耗偏高的现象不容忽视。同时我们也看到，我国石油化工行业存在着巨大的节能减排空间。

2．石油化工行业节能减排措施

节能减排既是中国走可持续发展道路的客观要求，也是我国签署《京都议定书》对温室气体做出减排承诺的要求，同时是企业实现利润增长、降低生产成本的有利条件，因此，应积极推广以下措施。

（1）通过狠抓节能减排，促进石油化工业的经济发展

调整石油化工产业结构，大力发展新兴产业，如石油化工、生物化工、新型煤化工、精细化工、有机硅、化工新材料、有机氟、信息化学品等。石油化工业应按照科学发展观的要求，逐渐走上一条环境代价低、技术含量高、经济效益好、资源消耗少、可持续发展的道路。

促进企业调整组织结构。优势企业遵循市场经济规律，突破行业和行政区划界限，加快了生产要素跨行业、跨区域的合理流动，形成了一批联系紧密、带动力强的化工园区和大型企业集团。特别是以中国石油、中国石化、中国中化、中海油等为代表的大型企业集团和部分跨国公司兼并重

地方要发挥产业资源优势

组、产业扩张的势头非常强劲，很大程度上突破了传统的格局，增强了企业的抗风险力和综合承载力，也为节能减排提供了强大的技术支持和资金保障。

地区的率先发展。目前，以陕西、内蒙古、重庆、新疆、山西、云南等地区为代表的能源、资源优势区域的石油化工业发展迅速，不仅规模大、项目多，而且后劲足、起点高，成为石油化工行业发展新的经济增长点和投资的重点。

(2) 促进低碳经济的发展

石油化工业是具有低碳经济载体优势的产业。应把发展低碳经济作为落实科学发展观、实现节能减排目标的战略选择。作为行业发展的重点，抓重点行业和技术支撑，以节能减排促进低碳经济，通过低碳经济来落实节能减排，引导行业迈向高产出、低消耗、低投入、少排放、能循环的发展道路，积极涌现出一批低碳经济、节能减排成效显著的示范企业和产业。

石化企业要节能减排

（3）促进石油化工行业技术创新

石油化工业是资金、技术密集型产业。节能减排对行业技术创新和科技进步提出了更迫切、更高的要求。

（4）促进责任关怀活动

积极开展以环境友好、资源节约、安全健康、清洁生产为主旨的责任关怀活动，通过节能减排改善和树立石油化工行业的良好形象。

（5）提高经济增长质量

节能减排对石油化工行业是挑战也是机遇，它有力地推动行业经济增长由外延到内涵，由粗放到集约，由主要依靠资源消耗、投资拉动向主要依靠劳动者素质、科技进步、管理创新的发展方式转变，促进了资源消耗少、经济效益好、技术含量高的新型产业的大发展。

在节能减排中，我国石油化工行业已经取得了一定的成绩，大部分重点耗能产品的能源消耗已经呈现逐年下降的趋势。由于工艺技术和原料的改进，石油化工行业主要耗能产品的能耗水平与国外先进水平的差距正在逐渐缩小。

四、钢铁行业节能减排

钢铁行业是中国国民经济的重要基础产业，是我国综合国力和经济水平的重要标志。近年来，钢铁行业生产消费名列世界第一，发展非常迅速，但是钢铁行业大而不强，因为钢铁是一个高污染、高耗能的产业，我们应看到钢铁行业拥有着巨大的节能减排潜力。

1．我国钢铁行业取得迅速发展

2006年我国钢的消费量3.84亿吨，钢产量达到4.2亿吨，连续11年居

钢铁企业要降低污染

世界首位。行业产品结构不断优化，整体实力迅速提升，板带比已经达到41.8%。国内企业产品在市场上的占有率有了很大的提高，汽车板、集装箱板、造船板、石油管等摆脱了对进口的依赖性。

企业联合重组取得进展，一批规模效益好、技术水平高的大型钢铁企业正在快速成长。近年来，针对低水平扩张、盲目投资的现象，钢铁领域宏观调控取得积极成效。钢铁行业成为了促进我国国民经济平稳、较快发展的重要支柱产业。

2．钢铁行业污染物排放目标测算

钢铁行业主要污染物排放指标不与总产值增加值挂钩，它要求总量下降10%。

3．加强国家宏观调控

宏观调控是以市场为导向，依照产业发展规划和政策，运用法律和经济手段及必要的行政手段进行调控，调控的目的是促进钢铁行业平稳、持续、健康地发展。

2005年7月份《钢铁产业发展政策》以下简称《政策》的出台，让国家宏观调控政策得到了很多的贯彻、执行，也让宏观调控的具体措施更加有依据。《政策》是根据有关法律法规和钢铁行业面临的国内外形势而制定的，是继《汽车产业发展政策》之后，第二个由国家发展和改革委员会起草、国务院审议通过的国家级产业发展政策，对未来5～10年我国钢铁行业的发展将起到巨大的影响。《政策》分别就政策目标、产业技术政策、产业布局调整、产业发展规划、投资管理、企业组织结构调整、原材料政策钢材的节约使用及其他相关问题进行了阐述。

《钢铁产业发展政策》的颁布和实施有利于加大钢铁行业结构调整力度，有利于抑制钢铁生产能力盲目扩张，能加快推进经济结构调整和增长

某企业炼钢车间

方式的转变，使钢铁行业从资源、能源消耗型向节约型转变，从数量扩张型向质量效益型转变，实现钢铁行业温室气体节能减排，全面提升钢铁行业的国际竞争力，保证我国从钢铁大国向钢铁强国的转变。

4. 钢铁行业节能减排措施

着力建设世界一流的钢铁企业，要根据国家钢铁产业发展政策和中长期发展规划的要求，提高钢铁投资建设和更新改造的技术水平，要瞄准世界先进水平，实现设备高效化、大型化、自动化、环保化、连续化和生产集约化，建立循环经济型企业。建设板带项目的高炉容积，原则上要大于2000立方米。

加强环境保护和资源综合利用。所有钢铁企业都要最大限度地提高废

水、废气、废物综合利用水平，建立废气回收装置，建立固体废弃物综合利用设施，建立污水处理与再生利用系统。力争到2015年，实现粉尘、烟尘、废渣等废弃物零排放，使水的循环利用率达到95%以上。

依法淘汰不符合产业政策的落后产业。2005年发布的国家《钢铁产业发展政策》已经明确规定，加快淘汰300立方米及以下高炉，20吨及以下转炉和电炉以及落后轧机。

严格新上项目技术经济标准。对在建和拟建的钢铁生产能力，着眼于提高国际竞争力，要着眼于长远，提高准入门槛，严格审核把关，不再上那些低于1000立方米的高炉，以及120吨以下的转炉。

鼓励钢铁企业联合重组。国家支持大型钢铁企业向集团化方向发展，积极推动跨所有制、跨地区的联合重组，促进钢铁产业集中度的提高。

五、建筑行业节能减排

在节能减排工作开始从理论过渡到实践的阶段，建筑业被列为工作重点，建筑节能减排的推行对整个节能减排工作的顺利推行起到了至关重要的作用。

国务院法制办公室公布了《民用建筑节能条例》。文件中，国家鼓励并扶持在既有建筑和新建建筑节能改造中采用地热能、太阳能等可再生能源。国家积极完善供热价格形成机制，推进供热体制改革，鼓励发展集中供热，逐步实行按照用热量收费制度。积极推广使用民用建筑节能的新工艺、新技术、新设备和新材料，限制使用或禁止使用能源消耗高的工艺、技术、设备和材料。建筑的公共楼梯、走廊等，应当使用、安装节能电器和灯具控制装置。

条例中特别规定建设单位组织验收竣工，应当对民用建筑是否符合民用建筑节能强制性标准进行查验，对不符合民用建筑节能强制性标准的，不得出具竣工验收合格报告。由于条例对建筑节能有强制规定，建筑保温材料供应商、太阳能企业和节能灯具制造三类上市公司很可能会从中受益。

1. 建筑节能减排的必要性

我国是世界人口最多的发展中国家，国民经济的快速发展、人民生活水平的不断提高，各项社会事业的长足进步，促使住宅与房地产业、建筑业空前繁荣，各类房屋建筑的存量迅速增加，与此同时，建筑能耗也直线攀升。

面对与日俱增的能源需求压力，有必要在各行业推广节能措施，减少能源的消耗，建筑行业也不能例外。建筑业是节能减排的关键领域，它事关民生，衣食住行的“住”跟建筑业密切相关。

目前我国城市化进程大大加快，建筑物是能源和资源的固化物，产生

节能型建筑

废气的50%来自于建筑物，建筑物总能耗占我国能源总能耗的25%～28%，而且相当大份额的交通和工业能耗，包括水泥、钢铁、玻璃等生产和运输的能耗，也是计算在工业能耗里面。二氧化碳排放中也有40%来自于建筑。

建筑运行能耗占我国能源总消费量的比例已经从20世纪70年代末的10%上升到26.7%，已经达到了世界建筑能耗占能源总消费30%的平均水平。发达国家的实践经验表明，这个比例还将提高到35%左右。目前美国、欧盟、日本都把建筑业列入到低碳经济、促进节能减排、绿色经济、克服金融危机的重点领域。美国前副总统戈尔在2008年11月9日发表文章，指出在美国40%的二氧化碳排放量是由建筑物能耗引起的，他提出要动员力量，改变建筑物的密封性能和隔热性能。2009年英国政府发布“解热节能战略”，将在2050年实现零碳排放。

2. 建筑行业节能措施

通过对建筑行业耗能的国内外对比可以发现，我国建筑行业节能潜力

绿色小区

巨大。虽然当前我国建筑能耗远低于发达国家水平，但这并非与建筑节能技术先进或建筑节能工作推广得深入人心，而是与我国经济发展状况和人民生活水平状况密切相关。此外，对于建筑行业节能措施的确定不能生搬硬套国外节能技术，应该根据我国国情具体问题具体分析，找出适合我国国情的建筑节能道路。

从目前来看，我国建筑节能可以从软件、硬件两方面开展工作。软件方面，杜绝盲目的“国际接轨”，倡导天人合一的建筑用能理念，即有效利用自然条件，营造出舒适的生活、工作环境，而非使用机械手段将室内环境调节到人体舒适指标；硬件方面，可以做的有提高北方建筑围护结构的保暖性能、供热系统的热效率，提高已有大型公共建筑的空调系统效率，探索优化高效的夏热冬冷气候条件下的供暖制冷系统，开发利用新能源技术，发展农村可持续建筑用能模式等。

国家制定的可再生的建筑能源的鼓励引导政策和开展的可再生能源应用示范城市的活动，有利地推进了地热能、太阳能、风能等能源的应用。建设推广节水城市活动、园林绿化城市活动、绿色交通城市活动以及各级政府加大对污水处理、垃圾处理的投资都有利地推进了城市基础设施建设，改善了城市的环境。

建筑节能、建设低碳城市，需要我们形成科研院所、高等院校以及企业的专业技术人员组成的庞大的科研力量，优选出节能材料、节能部品以及节能减排的产业政策。应该说节能减排、建设低碳生态城市已经成为房地产业、建筑业基本的发展导向。

近年来，中国在努力节能减排、推进城市建设方面做了大量的工作，也积累了比较丰富的经验。我国已经初步建立起了以节能50%为目标的建筑节能设计的标准体系，执行情况一年比一年好，部分地区还执行了65%的节能标准。

六、水泥行业节能减排

水泥行业被称为高排放、高消耗、高污染行业，但也是焚烧垃圾和消耗工业固体废弃物潜力最大的行业。如果能做好水泥行业的环境保护和节能减排工作，水泥行业完全可以成为一个绿色产业，它也是发展低碳经济前景最好的行业之一。

1．水泥行业发展中的问题

近年来，我国城市化发展进程比较迅速，对水泥的需求量在不断增加，但是水泥行业在发展的过程中产生了很多问题。我国水泥行业存在的主要问题表现在：

一是资源能源消耗高，污染较为严重，整体发展水平比较粗放，生态环境压力越来越大。水泥是一个高耗能行业，其消耗的煤炭占国内煤炭消费总量的15%。我国水泥行业的节能减排责任重大。

二是结构性矛盾突出，生产企业数量较多，产业集中度比较低，落后的水泥企业比重仍然较大。水泥行业发展的主线仍是结构调整，向节能减排和资源节约方向发展。

2．全球水泥行业减排路线图

世界可持续发展工商理事会(WBCSD)下属的水泥可持续性发展倡议组织(CSI)与国际能源署(lEA)联合发布了全球水泥行业减排路线图。作为全球第一个行业性减排路线图，它设定了2050年之前水泥行业二氧化碳减排的宏伟目标。这个报告明确提出要增加对水泥技术——特别是碳捕捉和碳封存技术研发的投入，并呼吁政府积极制定明确的政策框架。

现在已经有很多机构对水泥行业碳减排的可能性进行了深入研究，他们基本一致同意水泥行业减少碳排放的途径主要有以下四种：采用替代燃

水泥厂外景

料；采用更多熟料替代物；碳捕捉和封存技术的应用；提高能源效率。

在水泥工业中可用的典型替代燃料主要有：预处理过的工业固体废弃物和城市生活垃圾、废油及其溶液、生物质能燃料、废旧轮胎、塑料、废纸和纺织品。其中生物质能燃料包括木料、骨粉饲料、木块和碎木屑、废旧木材和废纸、农业残余物，比如污水污泥、米糠、锯末以及农作物秸秆。

熟料是水泥的主要成分，熟料和4%～5%的石膏混合粉磨后，可以和水发生反应并硬化。其他熟料与矿物质、石膏一起粉磨之后也具有水硬性，比如高炉矿渣细粉（钢铁工业副产品），天然火山物质和粉煤灰。使用一些替代物可以降低水泥中熟料的含量，从而降低二氧化碳的排放量。

数据显示，世界平均熟料含量为78%，这就是说，当年全球24亿吨水泥总产量中大约有5亿吨的熟料替代物。

碳捕捉和封存(CCS)是一种新型技术，通过利用这种技术可以在二氧化碳排放之初将其收集起来并压缩成液体，通过管道输送的方式，将其

水泥生产企业

替代物	来源	年产量(约算)	可用性
高炉矿渣细粉	钢铁生产	2亿吨(2006年)	未来钢铁的生产量很难预计
粉煤灰	燃煤锅炉	5亿吨(2006年)	未来煤电厂的数量和容量很难预测
天然火山灰、稻谷灰、硅粉	火山、沉积岩、其他行业	3亿吨(2003年)50%可用	取决于当地地理条件
人造火山灰(如被烧黏土)	特别制造	未知	取决于经济条件的限制
石灰石	采矿业	未知	已经可用

主要熟料替代物及其产量

永久封存在地底深处。这项技术目前还没有在水泥行业大规模使用，但是它有非常良好的前景。水泥行业的二氧化碳排放主要发生在石灰石煅烧和燃料燃烧阶段，对于它们的捕捉需要特殊的、高效率低成本的碳捕捉技术。

为了促进减排技术的发展，全球水泥行业减排路线图制订了水泥行业减排进程表。需要注意的是，因为科技发展速度不同，所以碳减排措施的实行力度具有不可预测性。且因为受到现有科技条件的限制，有关碳捕捉和封存技术的数据较为模糊。但水泥行业减排进程表将有助于推动政策的制定和技术的进步。减排进程表指出，为达到设定的碳减排目标，水泥行业在每个阶段需要怎么做。

2006年，全球水泥行业碳排放量约为1.88吉吨，如果不采取任何措施，随着全球水泥产量的不断增长，预计2050年这一数据将上升至(最少)2.34吉吨。

如果充分采用报告中提到的四种碳减排手段，2050年，水泥行业可能将碳排放总量控制在1.55吉吨，在2006年碳排放的基础上下降18%。到2050年，四种手段对碳减排的贡献率分别为：提高能源效率10%，采用替代燃料24%，熟料替代物10%，碳捕捉和封存56%。

在水泥行业四种碳减排手段中，只有提高能源效率是由行业自身推动的，其他三种手段很大程度上要依靠政策和法律推动。

七、造纸行业节能减排

近几年来，我国制浆造纸行业迅速发展，生产规模已经位于世界第二。目前，国内有3000多家造纸企业，因为企业规模小，数量多，原料结构不合理，生产集中度较低，装备水平落后等原因，成为制浆造纸行业排污大户。伴随着国家社会、经济、文化事业的发展，制浆造纸行业仍然有非常广阔的发展空间。

造纸厂废水

1. 造纸行业节能减排压力大

目前，造纸行业节能减排的压力比较大。这是因为我国中小造纸企业数量多，这些中小企业普遍存在对污染排放控制把关不严等现象。根据相关数据显示，2007年我国造纸业的废水排放量和COD(化学需氧量)分别占到了全国工业污水排放总量和COD排放量的17%和35.2%，比2006年同期的33.6%仍有所增加。治理制浆造纸行业的污染，提高污染物排放控制水平，这对于造纸行业污染减排工作具有深远影响。

2. 造纸行业节能减排主要的政策措施

由于制浆造纸行业历来是我国工业废水和COD的排放大户，是进行污染排放控制的重点行业，我国一直以来就对造纸行业节能减排方面采取了很多措施。2008年8月1日，我国就颁布了《制浆造纸排放标准》这一重要标准，它对企业排出废水中的pH值、氮、化学需氧量、磷等9个指标都做了具体规定。

为了减少造纸行业的废气、废水排放量，2009年5月1日起，我国所有造纸企业实施了新的造纸行业国家排放标准。

《造纸工业水污染物排放标准》中规定了制浆造纸工业企业水污染物排放限值、监控和监测要求，其颁布和实施为行业的健康发展奠定了坚实的基础。

《轻工业调整和振兴规划细则》进一步明确了造纸业的结构调整和发展的方向：2012年，造纸行业COD排放将相较2007年减少10万吨，废水排放减少9亿吨，两大指标分别占所有主要行业减量目标的40%左右。新标准的实施和减排目标的确立意味着规模大、实力强的企业将通过结构调整和科技创新迅速发展壮大，而那些污染治理差、规模小的企业将退出市场。

造纸车间

3．新排放标准对行业的影响

国家排放标准的实施不仅促进整个造纸行业的发展，还给我国规模效益的造纸大企业的发展带来机遇，特别是造纸上市公司，有利于其增强市场竞争力和自身产品结构升级。

新国家排放标准的实施加快了一批环保设施不健全的造纸企业的淘汰进程，提高了造纸行业环保准入门槛。造纸行业内规模小、环保差的企业成为淘汰的对象。随着淘汰企业的退出，中国造纸大企业可以进一步整合市场资源，扩大市场份额。

新国家排放标准的实施将促进造纸产业的结构升级，这不仅可以提高有规模效益的大企业的市场竞争能力，也将推动中国造纸行业长远、健康、有序地发展。

为了达到节能减排标准，玖龙纸业引进了世界先进的设备和技术。在水处理上，率先引进国际领先的厌氧加好氧技术进行两级生化处理，使各项环保指标都达到优于国家标准。目前，玖龙纸业水处理技术成为造纸废水治理的“行业标准”。另一家公司华泰纸业也坚持“林浆纸一体化”的发展战略，走可持续发展的道路。

如华泰、玖龙、博汇这些造纸龙头企业，可以更好地参与市场竞争，成为实质上的最大受益者。随着这些企业加大对国家排放新标准的重视，其产品结构、发展战略都有了一个质的飞跃。

造纸行业新的国家排放标准不仅能为造纸行业可持续性发展提供保障，也能为污染排放控制把关。一方面，国家排放新标准可以促使造纸产业结构升级，对造纸企业今后的发展具有重要的积极意义；另一方面，国家排放新标准将减少造纸企业污染排放，促进我国环保事业的长远发展。

八、纺织行业节能减排

低碳经济是一种正确的发展理念，在纺织业中得以推广是必然的趋势。在国家提倡节能减排的大环境下，纺织行业在控制印染污水排放，降低用水、用电等能耗方面做出了积极的努力，取得了一定的成绩。为了保护我们赖以生存的地球，贯彻落实国家节能减排战略目标，纺织企业通过改造设备、投入资金、创新技术工艺等措施，为减少排放和污染做出了很大贡献。

1．当前纺织行业节能减排技术现状

近年来，纺织工业一直保持两位数的增长速度。2006年，纺织品服装出口额达1651.36亿美元，占全国出口额比重的72.71%；纺织工业总产值为

纺织车间

25016.89亿元，占全国出口额比重的15.18%。纺织行业在获得较大发展的同时，节能减排工作和实施清洁生产也取得一定成效。通过采用先进设备和工艺，应用和推广纺织印染废水治理技术等手段，废水达标率和治理率得到了大幅度的提高。但是在环境污染不断恶化、水资源日渐短缺的情况下，环境和资源制约着纺织行业的持续、健康发展。

目前，国际纺织技术的发展趋势是以绿色制造技术和生产生态纺织品为引导，从助剂、工艺、设备等多渠道着手，抓住源头，重视生产过程中每个环节的生态问题，最大限度地减少化学药剂、水和能源的消耗，优化纺织工艺，从而达到高速、高效、环保的目的。国外已经投入很大力量来开发环保型染料助剂、节能、节水、减排新工艺和新设备，在少水和无水印染技术、涂料印染技术以及纺织节水、节能实用新型技术等方面都有很大的发展。

2．纺织行业在总量上节能减排的任务很重

《纺织工业“十二五”发展纲要》提出了关于节能减排和降耗的四项约束性指标。其中能耗、水耗下降幅度都高于全国“十二五”规划的要求。

根据国家统计局统计，2006年纺织规模以上企业总能耗为7803万吨标准煤，占全国工业总能耗的4.4%；年废水排放量是26亿吨，占全国工业废水排放量的10%，居全国第六；新鲜水取用量为95.48亿立方米，占全国规模以上工业企业总用水量的8.5%，居全国第二。

3．“十一五”节能降耗目标完成较好

2009年5月9日，纺织行业节能减排工作会议在北京召开。会议探讨了在新形势下如何按照国务院《纺织工业调整和振兴规划》的要求，进一步推进行业节能潜力诊断、企业项目申报、合同能源管理等节能减排

某自动化纺织车间

工作顺利展开，总结了近年来，特别是“十一五”前3年纺织行业的节能减排工作。

中国纺织工业协会副会长在总结近年来纺织行业节能减排工作时指出，近年来我国纺织行业节能减排取得积极进展，主要表现在：引导节能减排，制定政策措施；制定系列规范、标准，为节能减排提供依据和基础；重点设备技术改造取得明显效果；开展清洁生产审核，实现源头控制；开发先进的节能减排技术和装备；中水回用技术和废水余热回收技术取得实质性进展；资源回收利用技术逐步完善。

中国纺织工业协会副会长总结说，从“十一五”前3年节能减排任务的执行情况看，纺织行业“十一五”总体降耗和环保指标就已顺利完成。在降耗方面，纺织行业纤维消耗随着单位产品的原料消耗不断减少，随着

管理和技术水平的提高而减少，单位产值的纤维消耗明显下降。

据中国纺织工业协会统计，2008年纺织全行业万元产值纤维消耗约664万吨，比2005年减少了约150吨，单位产值纤维消耗3年来平均累计下降了18.5%，年均下降6.6%。

新鲜水取用比例大幅下降，2006年纺织印染行业普遍采取冷轧堆工艺，使单位产值新鲜水取用量平均下降了10%，有的企业下降更多，中水回用率最高达到了90%。

在环保方面，2006年纺织行业单位产值污水排放同比下降9%。近年来各地方政府加大环境整治力度，把COD等环保指标作为约束性刚性指标，纺织业总体污水排放有望达标。

4. 实现纺织产业转移

2010年2月24日，国务院总理温家宝主持召开国务院常务会议，研究部署进一步贯彻落实重点产业调整和振兴规划的工作。对于十大重点产业之一的纺织工业，这次会议明确提出进一步落实调整振兴规划的具体措施，并特别强调纺织产业要进一步加快向中西部地区的转移，优化产业布局，建设先进制造业基地和现代产业集群。

九、什么是清洁生产

在资源枯竭、环境恶化的严重威胁下，在观念更新、技术进步的强劲依托下，清洁生产理念经历了酝酿、提出、发展等阶段，现已基本形成。清洁生产不是一个用某一特定标准衡量的目标，而是一个持续进步的过程，随着社会经济的发展和科学技术的进步，需要适时地提出更新的目标，达到更高的水平。

“清洁生产”这一术语虽然直到1989年才由联合国环境规划署首次提出，但体现这一思想的最早可追溯到1976年。当年，欧共体在巴黎举行了“无废工艺和无废生产国际研讨会”，会上提出“消除造成污染的根源”的思想。1979年4月欧共体理事会宣布推行清洁生产政策，1984年、1985年、1987年欧共体环境事务委员会三次拨款支持建立清洁生产示范工程。

1989年，当时的联合国环境规划署巴黎产业与环境办公室提出了清洁生产概念，之后清洁生产逐步成为预防工业污染的环境战略。在1992年里约热内卢召开的联合国环境与发展大会上，将清洁生产列为实现可持续发展的关键因素之一，同时联合国环境署《清洁生产》简讯对清洁生产定义为：“清洁生产是一种一体化的预防性环境战略不断运用于工艺和产品

清洁生产设备

上，以降低对人体和环境的危险；清洁生产技术包括节省原材料和能源，消除有毒原材料和削减一切排放和废物的数量和毒性；侧重于削减生产过程和产品的环境影响。”

1996年联合国环境规划署在总结清洁生产多年来的推行经验基础上给出了清洁生产的定义：清洁生产是指将综合性的预防性战略持续地应用于生产过程、产品和服务中，以提高效率和降低对人类安全和环境的风险。对生产过程来说，清洁生产是指节约能源和原材料，淘汰有害的原材料，减少和降低所有废物的数量和毒性；对产品来说，清洁生产是指降低产品全生命周期（包括原材料开采到寿命终结的处置）对环境的有害影响；对服务来说，清洁生产是指将预防战略结合到环境设计和其所提供的服务中。

联合国环境规划署的定义将清洁生产上升为一种战略，该战略的作用对象为能源、原料、工艺、产品以及服务，其特点为：将“清洁”理念贯彻于产品的始端和终端整个系统，坚持系统的持续性、综合性、预防性。在联合国环境规划署第五次国际清洁生产高级研讨会上福沃德博士将该清洁生产概念做了延伸，即把一家公司内部无法削减的废物转化成另一家公

清洁生产企业要规范化管理和评估

司的原材料。这实际上将着眼于工业系统层次的工业生态学也纳入了清洁生产的范畴。

美国环保局(EPA)提出“污染预防”和“废物最小化”理论，其伦理思想与清洁生产是吻合的。美国环保局对污染预防的定义如下：污染预防是在可能的最大限度内减少生产场所产生的废物量。它包括通过源削减、提高能源效率、生产过程中重复使用投入的原料、降低水消耗量等一系列措施来合理地利用资源。这里提到的“源削减”是指在进行再生利用、处理和处置之前，减少流入或释放到环境中的任何有害物质、污染物或污染成分的数量，减少与这些有害物质、污染物对公众健康与环境的危害。

我国在《21世纪议程》中对清洁生产定义如下：清洁生产是指既可满足人们的需要，又可合理地使用自然资源和能量并保护环境的使用生产方法和措施，其实质是一种物料和能耗最少的人类生产活动的规划和管理，将废物减量化、资源化和无害化，或消灭于生产过程之中。同时对人体和环境无害的绿色产品的生产亦将随着可持续发展进程的深入而日益成为今后产品生产的主导方向。

清洁生产要与循环经济并举

我国在2003年1月1日起正式实施的《中华人民共和国清洁生产促进法》是我国第一部以预防污染为主要内容的专门法律，该法律全文共6章42条。该法总则第二条对“清洁生产”的定义是：指不断采取改进设计、使用清洁的能源和原料、采用先进的工艺技术与设备、改善管理、综合利用等措施，从源头削减污染，提高资源利用效率，减少或者避免生产、服务和产品使用过程中污染物的产生和排放，以减轻或者消除对人类健康和环境的危害。《中华人民共和国清洁生产促进法》关于清洁生产的定义借鉴了联合国环境规划署的定义，结合我国实际情况，表述更加具体、明确，便于理解。

综上所述，无论何种定义方式，清洁生产概念中均包含了以下四层含义：

其一，能源与自然资源的合理利用。要求投入最少的原材料和能源，生产出尽可能多的产品，提供尽可能多的服务，包括最大限度地节约能源和原材料、利用可再生能源或者清洁能源、利用无毒无害原材料、减少使用稀有原材料、循环利用物料等措施。在更新设计观念的前提下设计、改进生产工艺，最大限度地提高能源和材料的利用水平，改变产品体系，形成以清洁产品为主导的产品构成，同时形成完备的环境设计与服务体系。

发展清洁生产，保护地球家园

其二，经济效益最大化。通过节约资源、降低损耗、提高生产效能和产品质量，达到降低生产成本、提升企业竞争力的目的。

其三，对人类健康和环境的危害最小化。通过最大限度地减少有毒有害物料的使用、采用无废或少废技术和工艺、减少生产过程中的各种危险因素、加强废物的回收和循环利用、采用可降解材料生产产品和包装、合理包装以及改善产品功能等措施，实现对人类健康和环境的危害最小化。

其四，清洁生产的现阶段目标是节省能源、降低原材料消耗、减少污染物的产生与排放量，从而提高企业自身的经济效益。最终目标是保护人类生存空间、实现人类可持续发展。

1. 推行清洁生产是倡导资源可持续利用的必然要求

资源的可持续利用是伴随着可持续发展问题的出现而产生的。1987年，联合国环境与发展基金会向联合国大会提交了《我们共同的未来》的报告，可持续发展的模式从此显露，并明确将“可持续发展”定义为：既满足当代人的需要，又不损害后代人满足需要的能力的发展。它主要包括资源、经济与社会、环境的可持续发展三个方面。其中，资源的可持续利用不但构成了自然资源和生态环境可持续发展的重要方面，并进一步影响到整体可持续发展战略目标的实现。

资源的可持续利用定义为：在人类现有认识水平可预知的时期内，在保证经济发展对资源需求的满足的基础上，能够保持或延长资源生产使用性和资源基础完整性的利用方式。为研究自然资源的可持续利用问题，一般将自然资源分为可再生和不可再生资源两大类。对不同类型的资源，可持续利用有不同的含义。对不可再生资源来说，持续利用的实质是最优耗竭问题；对于可再生资源来说，持续利用主要是合理调控资源使用率，使资源产生效益最大化。但无论从何种角度来分析资源的可持续利用，都必然要求一种全新的提高资源利用效率的生产方式与之适应。而以“节省原材料和能源”为主要特征的清洁生产方式必然满足人类倡导资源可持续利用的要求。

电力企业清洁生产

2．推行清洁生产是实现环境改善的必然要求

清洁生产彻底改变了过去被动的、滞后的污染控制手段，强调在污染产生之前就予以削减，即在产品生产过程及在服务中减少污染物的产生和对环境的不利影响。这一主动行动，经近几年国内外的许多实践证明，具有效率高、可带来经济效益、容易为企业接受等特点，因而实行清洁生产是控制环境污染的一项有效手段。

3．推行清洁生产是减轻末端治理负担的必要手段

末端治理作为目前国内外控制污染最重要的手段，为保护环境起到了极为重要的作用。然而，随着工业化发展速度的加快，末端治理这一污染控制模式的种种弊端逐渐显露出来。第一，末端治理设施投资多、运行费用高，造成企业成本上升，经济效益下降；第二，末端治理存在污染物转移等问题，不能彻底解决环境污染；第三，末端治理未涉及资源的有效利用，不能制止自然资源的浪费。

地球家园需要我们一同保护

清洁生产从根本上避免了末端治理的弊端，它通过生产全过程控制，减少甚至消除污染物的产生和排放。这样，不仅可以减少末端治理设施的建设投资，也减少了日常运转费用，大大减轻了工业企业的负担。

4．推行清洁生产是提高企业市场竞争力的最佳途径

实现经济、社会和环境效益的统一，提高企业的市场竞争力，是企业的根本要求和最终归宿。开展清洁生产的本质在于实行污染预防和全过程控制，它将给企业带来不可估量的经济、社会和环境效益。

清洁生产是一个系统工程，一方面它提倡通过工艺改造、设备更新、废弃物回收利用等途径，实现“节能、降耗、减污、增效”，从而降低生产成本，提高企业的综合效益，另一方面它强调提高企业的管理水平，提高包括管理人员、工程技术人员、操作工人在内的所有员工在经济观念、环境意识、参与管理意识、技术水平、职业道德等方面的素质。同时，清洁生产还可以有效地改善操作工人的劳动环境和操作条件，减轻生产过程对员工健康的影响，从而为企业树立良好的社会形象，促使

公众对产品的支持，提高企业的市场竞争力。

十、清洁生产发展模式

清洁生产作为一种战略，可以从宏观层次和微观层次得以体现。在宏观上，清洁生产体现为总体污染预防。清洁生产的提出和实施使环境进入决策过程，如工业行业的发展规划、工业布局、产业结构调整、技术传播以及管理模式的完善等；在微观上，清洁生产体现于企业采取的预防污染措施。

清洁生产通过具体的手段、措施达到工业全过程污染预防。清洁生产包括清洁能源、清洁原料、清洁工艺、清洁产品和清洁服务等内容，是一项复杂的系统工程。

发展清洁能源

1．清洁能源

能源是国民经济可持续发展的物质基础，是不断提高人民生活水平的重要保障，但对传统能源的消耗所产生的一系列严重后果是有目共睹的，诸如温室效应、臭氧层破坏等环境问题已对人类的生存和发展构成严重威胁，因此，研究与开发清洁能源就成了人类面临的共同任务，也是推行清洁生产的主要内容之一。

发展清洁能源宣传画

所谓清洁能源是指对环境无污染或污染较少的能源，清洁能源有狭义与广义之分。狭义的清洁能源是指可再生的能源，如水能、太阳能、风能、地热能、海洋能等。广义的清洁能源，除上述能源外，还包括用清洁能源技术加工处理过的非再生能源，如洁净煤、天然气、核能、水合甲烷、硅能等。由于新型的清洁能源对环境无污染，具有取之不尽、用之不竭的可再生性，因此在近年来得到了广泛的开发与应用。

在实施清洁生产过程中倡导清洁能源，主要包括新能源的开发、可再生能源的利用、现有能源的清洁利用等领域。

（1）新能源的开发

①开发生物质能。再生物质是指有机物中除化石燃料外的，所有来源于动植物、能再生的物质。再生物质能则是指直接或间接地通过绿色植物的光合作用，把太阳能转化为化学能后固定和储藏在生物体内的能量。生物质能是一种理想的可再生能源，据联合国统计数据表明，世界石油储量只能维持到2035年，到2060年天然气也将消耗殆尽。面对石油危机，世界各国都将未来能源希望转向绿色生物能源。开发利用绿色生物能源已成为世界能源可持续发展战略的重要组成部分，也是21世纪能源发展战略的基本选择。

利用生物质作为替代能源对改善环境有极大的好处。生物质在生长时需要的二氧化碳量相当于它燃烧时排放的二氧化碳量，因而大气中的二氧化碳净排放量近似为零；生物质作为燃料时，生物质中硫的含量极低，基本上无硫化物的排放；生物质能中的沼气发酵系统能和农业生产紧密结合，可减轻化肥、农药带来的种种对环境的不利因素，有效刺激农村经济的发展。因此，将生物质作为化石燃料的替代能源，能向社会提供一种各

清洁能源专业公司

方面都可能被接受的可再生能源。

②开发氢能。氢是元素周期表中第一个元素，它的质量最小。在常温下，氢是一种无色、无味的气体。由于地球上氢的储量非常丰富，燃烧时热值高，且不产生任何污染，十分有利于环境保护，故被看作未来21世纪理想的洁净新能源，并越来越受到人们的高度重视。

使用氢燃料，现如今要克服两大难题。一是如何经济地从氢化物中提取氢。例如用电解法从水里大量提取氢，科学家还积极探索生物制氢的方法。二是如何储存和运输氢气。因为氢气是易燃易爆气体，安全成了大问题。

(2) 可再生能源的利用

①太阳能。由于太阳能无毒、无味、无污染，其开发应用可大大减少温室气体的排放，加工技术成本相对较低，易于储存与转化，故在20世纪90年代得到了广泛的开发与应用。太阳辐射到地球大气层的能量为173万亿千瓦，相当于每秒钟照射到地球上的能量为590万吨标准煤。联合国环境计划署将太阳能和风能列为目前世界上最有潜力的两种绿色能源。

②风能。风能是一种可再生的洁净能源，也是21世纪的新能源之一。风能资源丰富，开发潜力很大，大力开发风能是解决传统能源危机和环境污染问题的重要手段。

风能被称为“蓝天白煤”，是一项取之不尽、用之不竭的可再生能源。全球的风能资源约为27400亿千瓦，其中可利用的风能为200亿千瓦，比地球上可开发利用的水能总量还要大10倍。1999年10月5日欧洲风能协会估计，到2020年风能将可提供全球电力需求的10%，并在全球范围内减少二氧化碳排放100多亿吨。

(3)传统能源的清洁利用

近年来，随着我国石油、天然气和水能开发量的增加，煤炭、石油等传统能源在能源构成中的比例有所减少，但其主要地位仍未改变，而且限于资金与技术的原因，我国的能源结构形式不可能在较短时期内发生显著

变化，因此对传统能源的清洁利用将是推行清洁生产的主要内容。

综上所述，我们应借鉴西方发达国家如何开发利用清洁能源的方法，针对我国煤炭在一次能源结构中所占比重过高，石油的国内供需缺口越来越大，天然气在能源结构中所占比重过低，西部的水能源未能充分利用的现状，逐步减少石化能源在能源结构中的比重，并通过清洁能源的开发，提升新能源在能源消费中的份额。

2．清洁原料

在生产工艺中尽量少用或不用有毒有害的或稀缺的原料。原料的使用将直接影响产品的组成和废物的成分，因此从源头入手，选用清洁的原料，采用无毒、无害的化工原料或用生物废弃物替代有剧毒的、严重污染环境的原料，避免向工艺系统内引入不必要的有害物质，同时尽量避免使用稀缺原料。

3．清洁工艺

采用少废、无废和高效的设备，尽量减少生产过程中的各种危险性因素，如高温、高压、低温、低压、易燃、易爆、强噪声、强振动等，采用可靠和简单的生产操作和控制方法，对物料进行内部循环利用；完善生产管理，不断提高科学管理水平。

4．清洁产品

产品设计应考虑节约原材料和能源，少用昂贵和稀缺的原料；产品在使用过程中以及使用后不含危害人体健康和破坏生态环境的因素；产品的包装合理，产品使用后易于回收、重复使用和再生；使用寿命和使用周期合理。

5. 清洁服务

一般说来，产品的服务过程也就是其消费过程，服务过程中所使用的有形实体和所消耗的资源和能源也会产生各种废气、废水、废渣、噪声等污染，因此应大力提倡清洁服务理念。可以说清洁服务是清洁生产的延续，是清洁生产走出生产过程渗透到消费领域的创举，是从传统的服务体系中提升出的全新服务理念，该理念坚持以“清洁提供、清洁回收”为原则，对生产出的产品提供终身全方位的清洁服务，包括产品的售后服务、产品的安全回收，在此期间不仅要考虑服务的流程、质量、成本以及生命周期等因素，还要充分考虑服务对资源、环境和人类健康的影响，尽可能使服务对环境的总体影响以及对自然资源的消耗降到最低限度。

十一、清洁生产达标评价

清洁生产评价是通过对企业的生产从原材料的选取、生产过程到产品服务全过程进行综合评价，评定出企业清洁生产的总体水平以及每一个环节的清洁生产水平，明确该企业现有生产过程、产品、服务各环节的清洁生产水平在国际和国内所处的位置，并针对其清洁生产水平较低的环节提出相应的清洁生产措施和管理制度，以增加企业市场竞争力，降低企业的环境责任风险，最终达到节约资源、保护环境的目的。

清洁生产是有效防治工业污染、实现工业可持续发展的战略性措施，也是实现经济效益、环境效益和社会效益相统一的重要生产手段，因此，建构清洁生产的经济效益和环境效益量化评估及社会效益的综合评价体系尤为必要。

1．指标与指标体系

在进行清洁生产效益评价工作之前，应首先确立评价指标。指标是反映系统要素或现象的数量概念和具体数值，它包括指标的名称和指标的数值两部分。国内外与环境相关的评价指标的发展历程表明，评价指标的设计目的在于显示环境品质的状况。那么，清洁生产评价指标就是为界定一个生产工艺或产品的环境品质的清洁状况而设计的，为评价选定的清洁生产方案的实施效果提供客观依据，是评估生产工艺或产品是否符合清洁生产理念的比较标准。清洁生产指标具有标杆的功能，为评价清洁生产绩效提供了一个比较标准，为清洁生产理念的推广和持续清洁生产的推动提供动力支持。

构成评价指标体系的指标既有直接从原始数据而来的基本指标，用以反映子系统的特征；又有对基本指标的抽象和总结，用以说明各子系统之间的联系及区域复合系统作为一个整体所具有性质的综合指标，如各种比、率、度及指数等。在选择评价指标时，要特别注意选择那些具有重要控制意义、可受到管理措施直接或间接影响的指标，具有时间和空间动态特征的指标、显示变量间相互关系的指标和显示与外部环境有交换关系的开放系统特征的指标。

当前，世界各国常用的清洁生产指标既有定性指标又有定量指标，且没有一个为世界各国、各行业所公认的统一参照基准，做起来比较困难，应用范围有一定的局限性。

我国自1993年开始清洁生产试点示范和相关研究以来，制定和颁布了一系列推动清洁生产的法律法规和行业规范，各行各业、各个不同地区和部门进行了不断的探索和努力，取得了较大的成绩，在清洁生产评价指标方面也进行了大量的探索和尝试，形成了初步规范。但是，所用指标定性评价多，定量考评少，没有形成具有普遍应用性的科学体系。到目前为止，我国较常用的清洁生产评价指标是依据生命周期分析的原则进行分类的，主要有四大类：原材料指标、产品指标、资源指标和污染物产生指标。其中，前两者是定性指标，后两者主要为定量指标。

要宏观控制环境污染

原材料指标体现了原材料的获取、加工、使用等各方面对环境的综合影响，从毒性、生态影响、可再生性、能源强度以及可回收利用性五个方面建立指标。产品指标应涉及销售、使用过程、报废后的处置以及寿命优化问题四个方面。这两类指标比较宏观，主要是靠专家打分，得出各项指标的权重值，然后与相应的国际及国内标准进行比较，以确定相应的等级。资源指标是指在正常操作情况下，生产单位产品对资源的消耗程度可以部分地反映一个企业的技术工业和管理水平，即反映生产过程的状况。从清洁生产的角度看，资源指标的高低同时也反映企业的生产过程在宏观上对生态系统的影响程度，在同等条件下，资源消耗量越高，对环境的影响越大。资源指标可以由单位产品的耗水量、能耗和物耗来表示。资源指标与美国环保署的减废情况交换指标类似，只适用于同一工厂在工艺改进前后的比较，难以发现对生态环境的直接损耗。污染物产生指标是除资源指标外，另一类反映生产过程状况的指标。污染物产生指标代表着生产工艺先进性和管理水平的高低。基于对一般的污染问题的考虑，污染物产生指标分为三类，即废水、废气和固体废弃物。

2．指标选取原则

(1) 科学性原则

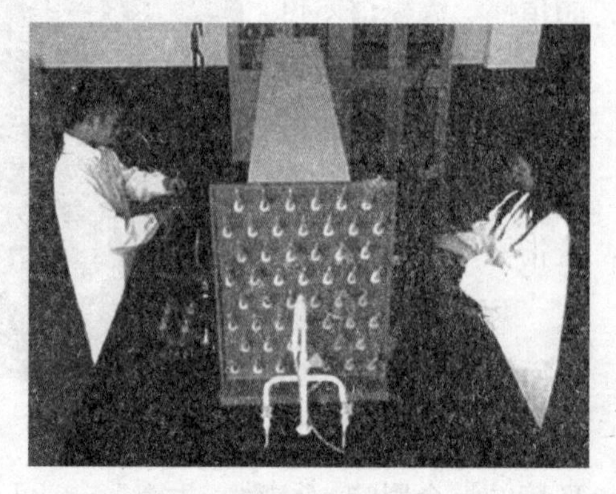
企业“三废”监测

指标体系一定要建立在科学基础上，指标概念必须明确，并且有一定的科学内涵，能够度量和反映区域复合系统结构和功能的现状以及发展的趋势。

(2) 可操作性原则

指标的设置要尽可能利用现有统计资料。指标要具有可测性和可比性，易于量化。在实际调查评价中，指标数据易于通过统计资料整理、抽样调查，或典型调查，或直接从有关部门（科研部门和技术部门）获得。

(3) 全面性原则

指标体系作为一个有机整体，应该能比较全面地反映和测度被评价区域的主要发展特征和发展状况，应能覆盖原材料、生产过程和产品的各个主要环境，全面反映产品全生命周期对环境的影响。

(4) 相对独立性原则

描述区域复合系统发展状况的指标往往存在指标间信息的重叠，因此在选择指标时，应尽可能选择具有相对独立性的指标，从而增加评价的准确性和科学性。

(5) 主成分性原则

在完备性的基础上，指标体系力求简洁，尽量选择那些有代表性的综合指标和主要指标。

(6) 针对性原则

指标体系的建立应该针对区域发展面临的主要问题。

第五章

绿色能源与低碳循环工业齐发展

一、绿色能源

能源是经济和社会发展的重要物质基础。工业革命以来，世界能源消费剧增，煤炭、石油、天然气等化石能源资源消耗迅速，生态环境不断恶化，特别是温室气体排放导致日益严峻的全球气候变化，使人类社会的可持续发展受到严重威胁。目前，我国已成为世界能源生产和消费大国，但人均能源消费水平还很低。随着经济和社会的不断发展，我国能源需求将持续增长。增加能源供应、保障能源安全、保护生态环境、促进经济和社会的可持续发展，是我国经济和社会发展的一项重大战略任务。

各国政府和国际组织都相继从政策、资金方面大力扶持新的经济增长点——清洁能源的开发，寻求一条经济社会进步与资源环境和人口相协调的、可持续发展的道路。在此大背景下，我国政府也在通过与能源相关的各项政策的制定、法规的完善以及金融信贷扶持等来大力发展清洁能源，为我国在新形势下顺利完成产业结构的调整打下坚实的基础。

太阳能利用

能源是能量的来源或源泉，是可以从自然界直接取得的具有能量的物质，如煤炭、石油、核燃料、水、风、生物体等，或从这些物质中再加工制造出的新物质，如焦炭、煤气、液化气、煤油、汽油、柴油、电、沼气等，因此可以说，能源是能够提供某种形式能量的物质，即能够产生机械能、热能、光能、电磁能、化学能等各种能量的资源。

能源是人类赖以生存的物质，是发展生产、改善人民生活的物质基

础。人类文明的一切都离不开能源。

能源的分类方法很多，其中主要有以下四种。

①按能源的形成和再生性划分为可再生能源和不可再生性能源。

②按能源的技术开发程度划分为常规能源和新能源。

③按能源对环境的污染程度化分为清洁能源和非清洁能源。

④按能源的成因划分为一次能源（亦称天然能源）和二次能源（亦称人工能源）。

下面，我们对上述分类中出现的概念进行简单的说明。

第一种分类方法中的可再生能源是指在生态循环中能重复产生的自然资源，它能够循环使用，不断得到补充，不会随人类的开发利用而日益减少，具有天然的自我再生功能，可以源源不断地从自然界中得到补充，是人类取之不尽用之不竭的能源。可再生能源主要有：风能、太阳能、水能、生物质能、地热能和海洋能等。

不可再生能源是指经过亿万年漫长地质年代形成的、随着人类的不断开发利用而日益减少且终究要消耗殆尽的、不能在短期内重复再生的能源。

不可再生能源主要有：煤炭、石油、天然气等。

第二种分类方法中的常规能源也称传统能源。传统能源是指以往利用多年，目前在科学技术上条件已成熟，经济上比较合理，已被人类大规模生产和广泛使用的能源。

常规能源主要有：煤炭、石油、天然气以及大中型水电等。

新能源是指人类近些年才开发利用或正在研究开发今后可以广泛利用的能源。新能源主要有：太阳能、风能、地热能、海洋能、生物质能和核聚变能等。

新能源是人类未来能源的开发重点领域。目前的新能源随着

海洋能潜力无限

科学技术的不断提高，今后会被广泛使用，也会成为常规能源。例如，核能在工业发达国家已列入常规能源，而在大多数发展中国家则仍被视作新能源。

广义新能源主要包含了以下几个方面：一是高效利用能源；二是资源综合利用；三是可再生能源；四是替代能源；五是节能。所以，可再生能源当然是没有争议的新能源，同时，替代性能源也应该纳入广义新能源的总体范畴。

这里对替代能源稍加解释。替代能源有两种含义，狭义是指一切可代替石油的能源；广义是指可代替目前广泛使用的化石燃料（煤炭、石油和天然气）的能源，包括核能、太阳能、水能、地热、风能、海洋能、氢能等。

第三种分类方法中的清洁能源和非清洁能源的划分是相对的。清洁能源是指能源在使用中对环境无污染或污染小的能源。即大气污染物和温室气体零排放或排放很少的能源。

清洁能源主要包括：可再生能源（太阳能、风能、水能、海洋能）、气体燃料、氢能和先进核电等。

非清洁能源是指能源在使用中对环境造成污染较大的能源，如各种固体能源、石油等。煤炭是最脏的能源，对环境污染十分严重，石油对环境污染虽比煤炭小，但使用时也产生氧化硫、氧化氮等有害物质，对环境的污染也很严重。目前在人口众多的大城市和工业区，大量燃烧煤炭、石油等，产生二氧化硫、烟尘、氢氧化物等污染物，危害人类的生存和健康。

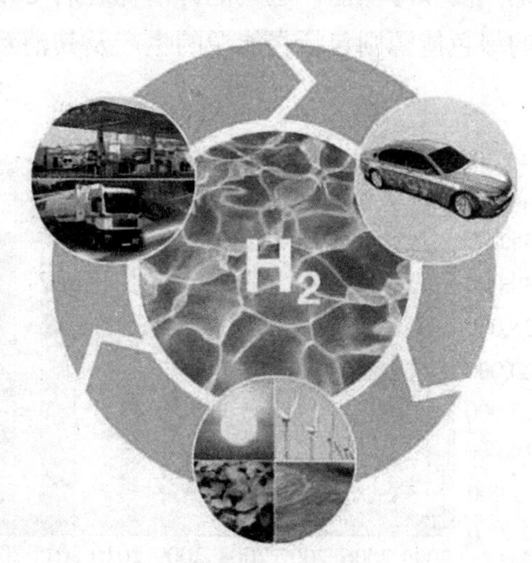

二次能源利用图

第四种分类方法中的一次能源是指自然界中以现成形式存

在，不经任何改变或转换的天然能源资源，即从自然界直接取得、并不改变其形态和品位的能源。一次能源主要包括原煤、原油、油页岩、天然气、核燃料、植物燃料、水能、风能、太阳能、地热能、海洋能、潮汐能等。

二次能源是指为了满足生产工艺和生活的特定需要以及经合理利用将一次能源直接或间接加工转换产生的其他种类和形式的人工能源。如由原煤加工产出的洗煤，由煤炭加工转换产出的焦炭、煤气，由原油加工产出的汽油、煤油、柴油、燃料油、液化石油气等和由煤炭、石油、天然气转换产出的电力。“绿色”顾名思义就是无污染。“绿色能源”是近年由绿色食品、绿色农业、绿色经济延伸的一个新概念。绿色能源有两层含义：一是利用现代技术开发干净、无污染的新能源，如太阳能、风能、潮汐能等；二是化害为利，同改善环境相结合，充分利用城市垃圾淤泥等废物中所蕴藏的能源。

我们如何理解绿色能源与新能源、可再生能源、清洁能源的关系？一般而言，绿色能源也称清洁能源，它可以分为狭义和广义两种概念。

狭义的绿色能源是指可再生能源，如水能、生物能、太阳能、风能、地热能和海洋能。这些能源消耗之后可以恢复补充，很少产生污染。广义的绿色能源则包括在能源的生产及其消费过程中选用对生态环境低污染或无污染的能源，如天然气、清洁煤（将煤通过化学反应转变成煤气或“煤”油，通过高新技术严密控制的燃烧转变成电力）和核聚变能等。

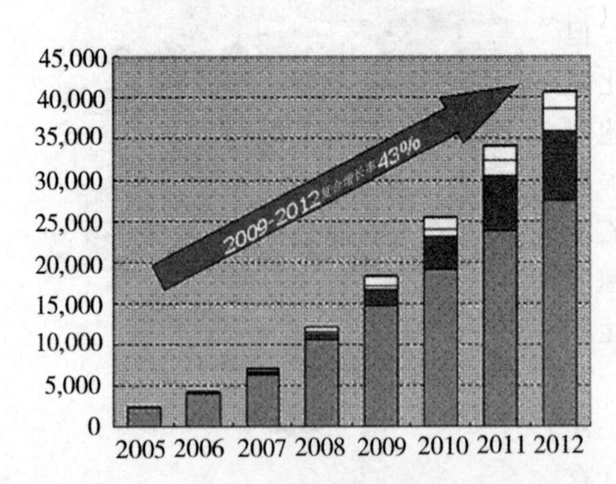

新能源的广泛应用

绿色能源不仅包括可再生能源，如太阳能、风能、水能、生物质能、海洋能等，还包括绿色植物给我们提供的燃料，又叫生物能源或物质能源。例如应用科学技术使秸秆、垃圾等变废为宝的新型能源。

二、绿色能源的分类

1. 太阳能

太阳能是太阳内部或者表面的黑子在连续不断的核聚变反应过程中产生的能量。尽管太阳辐射到地球大气层的能量仅为其总辐射能量的二十二亿分之一，但已高达17.3万太瓦，也就是说太阳每秒钟照射到地球上的能量就相当于500万吨煤产生的能量。地球上的风能、水能、海洋温差能、波浪能和生物质能以及部分潮汐能都是来源于太阳；即使是地球上的化石燃料（如煤、石油、天然气等）从根本上说也是远古以来储存下来的太阳能，所以广义的太阳能所包括的范围非常大。狭义的太阳能则限于太阳辐射能的光热、光电和光化学能的直接转换。

太阳能收集器

太阳能既是一次能源，又是可再生能源。它资源丰富，既可免费使用，又无需运输，对环境无任何污染。太阳能为人类创造了一种新的生活形态，使社会及人类进入了一个节约能源、减少污染的时代。

我国幅员辽阔，有着十分丰富的太阳能资源。据估算，我国陆地表面

太阳能发电厂

每年接受的太阳辐射能约为50×10^{18}千焦，全国各地太阳年辐射总量达335～837千焦/平方厘米，中值为586千焦/平方厘米。全国总面积2/3以上的地区年日照时数大于2000小时，特别是西北一些地区超过3000小时。我国太阳能资源的理论储量达每年1.7万亿吨标准煤，约等于数万个三峡工程发电量的总和。从全国太阳年辐射总量的分布看，西藏、青海、新疆、内蒙古南部、山西、陕西北部、河北、山东、辽宁、吉林西部、云南中部和西南部、广东东南部、福建东南部、海南东部和西部以及台湾省的西南部等广大地区的太阳辐射总量很大，尤其是青藏高原地区最大，那里平均海拔高度在4000米以上，大气层薄而清洁，透明度好，纬度低，日照时间长。

我国大陆太阳能资源分布的主要特点有以下几点：太阳能的高值中心和低值中心都处在北纬22°～35°这一带，青藏高原是高值中心，四川盆地是低值中心；太阳年辐射总量西部地区高于东部地区，而且除西藏和新疆外，基本上是南部低于北部；由于南方多数地区云雾雨多，在北纬30°～40°地区，太阳能的分布情况与一般的太阳能随纬度而变化的规律相反，太阳能不是随着纬度的增加而减少，而是随着纬度的增加而增长。

按接受太阳能辐射量的大小，全国大致上可分为五类地区。

(1) 一类地区

一类地区全年日照时数为3200～3300小时，年辐射量在670～837千焦/平方厘米，相当于225～285千克标准煤燃烧所发出的热量。这类地区主要有青藏高原、甘肃北部、宁夏北部和新疆南部等地。这是我国太阳能资源最丰富的地区，与印度和巴基斯坦北部的太阳能资源相当。特别是西藏，地势高，太阳光的透明度也好，太阳辐射总量最高值达921千焦/平方厘米，仅次于撒哈拉大沙漠，居世界第二位，其中拉萨是世界著名的阳光城。

（2）二类地区

二类地区全年日照时数为3000～3200小时，年辐射量在586～670千焦/平方厘米，相当于200～225千克标准煤燃烧所发出的热量。这类地区主要有河北西北部、山西北部、内蒙古南部、宁夏南部、甘肃中部、青海东部、西藏东南部等地。此类地区为我国太阳能资源较丰富区。

（3）三类地区

三类地区全年日照时数为2200～3000小时，年辐射量在502～586千焦/平方厘米，相当于170～200千克标准煤燃烧所发出的热量。这类地区主要有山东、河南、河北东南部、山西南部、新疆北部、吉林、辽宁、云南、陕西北部、甘肃东南部、广东南部、福建南部、江苏北部和安徽北部等地。

（4）四类地区

四类地区全年日照时数为1400～2200小时，年辐射量在419～502千焦/平方厘米，相当于140～170千克标准煤燃烧所发出的热量。这类地区主要是长江中下游、福建、浙江和广东的一部分地区。这类地区春夏多阴雨，秋冬季太阳能资源较为丰富。

（5）五类地区

五类地区全年日照时数为1000～1400小时，年辐射量在335～419千焦/平方厘米，相当于115～140千克标准煤燃烧所发出的热量。这类地区主要有四川、贵州两省。此地区是我国太阳能资源最少的地区。

2．风能

风能是空气流动产生的一种动能，其大小决定于风速和空气的密度。

据专家估计，到达地球的太阳能虽然只有大约2%转化为风能，但总量却十分可观。据世界气象组织估计，全球的风能约为2.74万亿千瓦，其中可利用的为2000亿千瓦，比地球上可开发利用的水能总量还要大10倍。

中国风能资源十分丰富。10米高度层的风能资源总储量为32.26亿千瓦，其中实际可开发利用的风能资源储量为2.53亿千瓦。从相关资料中可

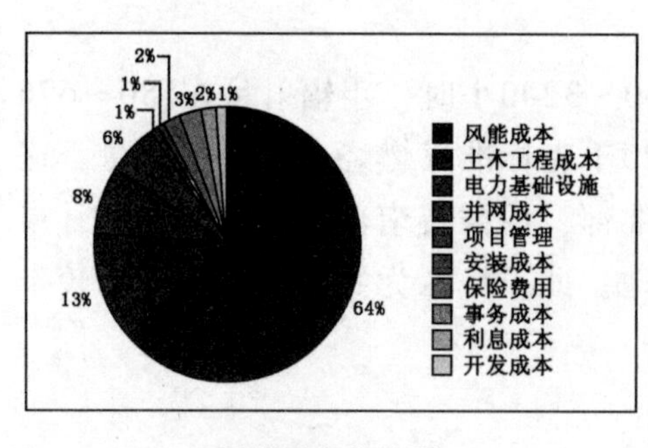

风能成本分布图

以得到中国风能区划的详细分布。①风能丰富区有东南沿海、山东半岛和辽东半岛沿海区、三北地区（东北、华北北部和西北地区，具体指新疆、甘肃、内蒙古北部到东北地带，有效风能密度为200～300瓦/平方米，年均风速4～5米）、松花江下游区；②风能较丰富区有东南沿海内陆和渤海沿海区、三北（东北、华北和西北地区）的南部区、青藏高原区；③风能可利用区有两广沿海区、大小兴安岭山地区、中部地区；④风能贫乏区有川云贵和岭山地区、雅鲁藏布江和昌都地区、塔里木盆地西部区。

3．地热能

（1）地热能的概念

地热能是由地壳抽取的天然热能，这种能量来自地球内部的熔岩，并以热力形式存在，是引致火山爆发及地震的能量。地球内部蕴藏着的巨大地热能，其分布随深度而增加。通常，有可能在适当的未来时期内经济而又合理地取出来的那部分热量称为地热资源。

地热资源

地热资源是指能够为人类经济开发和利用的地热能、地热流体及其有用组分。地球内部热能资源，包括地热流体及其有用组分。地热资源为重要的可再生能源矿产，采取合理开发利用方式，是一种取之不尽、用之不竭的清洁能源，地热也是医疗、旅游、化工资源。

地热资源可分为传导型地热资源和对流型地热资源。地热资源按温度分级，可分为高温地热资源（温度≥150℃）、中温地热资源（温度<150℃且≥90℃）和低温地热资源（温度<90℃）三级。

（2）地热能的利用

地热能的利用可分为地热发电和直接利用两大类，而对于不同温度的地热流体可能利用的范围如下：

①200℃～400℃直接发电及综合利用。

②150℃～200℃双循环发电、制冷、工业干燥、工业热加工。

③100℃～150℃双循环发电、供暖、制冷、工业干燥、脱水加工、回收盐类、制造罐头食品。

④50℃～100℃供暖、温室、家庭用热水、工业干燥。

⑤20℃～50℃沐浴、水产养殖、饲养牲畜、土壤加温、脱水加工。

现在许多国家为了提高地热利用率，采用了梯级开发和综合利用的办法，如热电联产联供、热电冷三联产、先供暖后养殖等。

地热能的直接利用与地热发电相比，不但能量的损耗要小得多，并且对地下热水的温度要求也低得多，在15℃～180℃这样宽的温度范围内均可利用。在全部地热资源中，这类中、低温地热资源是十分丰富的，远比高温地热资源丰富。但是，地热能的直接利用也有局限性，由于受载热介质和热水输送距离的制约，一般来说，热源不宜离用热的城镇或居民点过远，不然，投资多，损耗大，经济效益差。

目前地热能的直接利用发展十分迅速，已广泛地应用于工业加工、民用采暖和空调、洗浴、医疗、农业温室、农田灌溉、土壤增温、水产养殖、畜禽饲养等各个方面，收到了良好的经济效益，节约了能源。

4．生物质能

生物质是指通过光合作用而形成的各种有机体。光合作用即利用空气中的二氧化碳和土壤中的水将吸收的太阳能转换为碳水化合物和氧气

生物质能锅炉

的过程。生物质包括所有的动植物和微生物。生物质能就是太阳能以化学能形式贮存在生物质中的能量形式，即以生物质为载体的能量。它直接或间接地来源于绿色植物的光合作用。可转化为常规的固态、液态和气态燃料，并取之不尽、用之不竭。生物质能的原始能量来源于太阳，所以从广义上讲，生物质能是太阳能的一种表现形式。

生物质能是世界第四大能源，仅次于煤炭、石油和天然气。根据生物学家估算，地球陆地每年生产1000~1250亿吨干生物质，海洋年生产500亿吨干生物质。生物质能的年生产量远远超过全世界总能源需求量，相当于目前世界总能耗的10倍。我国可开发为能源的生物质资源到2010年可达3亿吨。随着农林业的发展，特别是薪炭林的推广，生物质资源还将越来越多。生物质能的特点有以下几个。

(1) 可再生性

生物质能属可再生资源，生物质能通过植物的光合作用可以再生，与风能、太阳能等同属可再生能源，资源丰富，可保证能源的永续利用。

(2) 低污染性

生物质能的硫含量、氮含量低，燃烧过程中生成的硫化物、氮化物较少；由于生物质在生长时需要的二氧化碳相当于它作燃料燃烧时排放的二氧化碳的量，因而对大气的二氧化碳净排放量近似于零，可有效地减轻温室效应。

(3) 广泛分布性

在缺乏煤炭的地域，可充分利用生物质能。

（4）生物质能燃料总量十分丰富

生物质能的应用是：沼气、压缩成型固体燃料、气化生产燃气、气化发电、生产燃料酒精、热裂解生产生物柴油等。

生物质能的缺点：使用薪柴和秸秆等生物质能作炊事和供热燃料会引起室内空气污染，对居民健康产生严重危害。生物质能的传统利用方式对居民预期寿命、婴儿死亡率等有很大影响。生物质能对生态的影响主要是占用大量土地，可能导致土壤养分损失和侵蚀，生物多样性减少，以及用水量增加。

5．核能

核能是原子核粒子重新组合和排列时所产生的能量。当一个重核（如铀）分裂成为两个轻核时，释放的能量称为核裂变能，原子弹和目前的核电站就是利用这种原理；两个以上轻原子核聚合为一个重核，其质量小于原来两个核的质量之和，释放的巨大能量称为核聚变能，如氢弹爆炸和太阳内部的氢核聚变形成氦核的核聚变过程。

核能的释放主要有三种形式：

（1）核裂变能

所谓核裂变能是通过一些重原子核（如铀-235、铀-238、钚-239

某核电站全景图

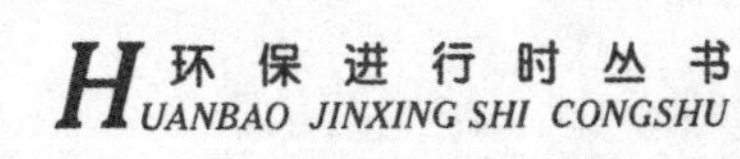

等）的裂变释放出的能量。

（2）核聚变能

由两个或两个以上氢原子核（如氢的同位素氘和氚）结合成一个较重的原子核，同时发生质量亏损释放出巨大能量的反应叫作核聚变反应，其释放出的能量称为核聚变能。

（3）核衰变

核衰变是一种自然的慢得多的裂变形式，因其能量释放缓慢而很难加以利用。

核能的主要利用形式是核能发电。核能发电是利用核反应堆中核裂变所释放出的热能进行发电的方式。它与火力发电极其相似，只是以核反应堆及蒸汽发生器来代替火力发电的锅炉，以核裂变能代替矿物燃料的化学能。

核能的优点有以下几个：

①核能发电不像化石燃料发电那样排放巨量的污染物质到大气中，因此核能发电不会造成空气污染。

②核能发电不会产生加重地球温室效应的二氧化碳。

③核能发电所使用的铀燃料，除了发电外，没有其他的用途。

压水堆核电站

④核燃料能量密度比起化石燃料高上几百万倍，故核能电厂所使用的燃料体积小，运输与储存都很方便。一座1000百万瓦的核能电厂一年只需30吨的铀燃料，一航次的飞机就可以完成运送。

⑤核能发电的成本中，燃料费用所

占的比例较低，核能发电的成本较不易受到国际经济形势影响，故发电成本较其他发电方法稳定。

核能的缺点有以下几个：

①核能电厂会产生高低阶放射性废料，或者是使用过的核燃料，这些东西虽然所占空间不大，但因具有放射性，故必须慎重处理，且需面对相当大的政治困扰。

②核能发电厂热效率较低，因而比一般化石燃料电厂排放更多废热到大气中，故核能电厂的热污染较严重。

③核能电厂投资成本太大，电力公司的财务风险较高。

④核能电厂较不适宜做尖峰、离峰之随载运转。

⑤核电厂的反应器内有大量的放射性物质，如果在事故中释放到外界环境中，会对生态及民众造成伤害。

核能利用存在的主要问题有以下几个：

①资源利用率低。

②反应后产生的核废料成为危害生物圈的潜在因素，其最终处理技术尚未完全解决。

③反应堆的安全问题尚需不断监控及改进。

④受核不扩散要求的约束，即核电站反应堆中生成的钚-239受控制。

⑤核电建设投资费用仍然比常规能源发电投资高，投资风险较大。

6．氢能

氢位于元素周期表之首，它的原子序数为1，在常温常压下为气态，在超低温高压下又可成为液态。

氢能是指氢气所含有的能量。氢是一种二次能源，或称含能体能源。氢能是通过一定的方法利用其他能源制取的，它不像煤、石油和天然气等可以直接从地下开采。氢能具有资源丰富、重量轻、无污染、热值高、应用面和燃烧性能好等特点。氢能可以作飞机、汽车的燃料，也可以作推动

火箭的动力。

7. 海洋能

海洋能

海洋能指蕴藏于海水中的各种可再生能源，包括潮汐能、波浪能、海流能、海水温差能、海水盐度差能等。这些能源都具有可再生性和不污染环境等优点，是一项亟待开发利用的具有战略意义的新能源。海洋能的主要利用形式有以下两种：

①波浪发电。据科学家推算，地球上波浪蕴藏的电能高达90万亿千瓦时。目前，海上导航浮标和灯塔已经用上了波浪发电机发出的电来照明，大型波浪发电机组也已问世。我国也对波浪发电进行了研究和试验，并制成了供航标灯使用的发电装置。

②潮汐发电。据世界动力会议估计，到2020年，全世界潮汐发电量将达到1000～3000亿千瓦。世界上最大的潮汐发电站是法国北部英吉利海峡上的朗斯河口电站，发电能力24万千瓦，已经工作了30多年。我国在浙江省建造了江厦潮汐电站，总容量达到3000千瓦。

三、绿色能源的发展规划

绿色能源是我国重要的能源资源，在满足能源需求、改善能源结构、减少环境污染、促进经济循环发展等方面作用巨大。1992年后，我国政府提出环境与发展措施，明确要“因地制宜开发和推广太阳能、风能、地热能、潮汐能、生物质能等清洁能源”，并为此制订了“乘风计划”“光明工程”等风能、太阳能开发应用项目与计划。

中国发展绿色能源需要解决以下事项：一是把新能源放在一个战略地位；二是做好新能源产业发展规划；三是加强新能源的技术研发；四是大力增加对新能源产业的投资；五是创新体制，促进新能源的发展。

截至2008年底，我国发电设备装机容量达到79253万千瓦，居世界装机容量第二位。其中水电17152万千瓦，约占总容量的21.64%；火电60132万千瓦，约占总容量的75.87%；核电装机908万千瓦，约占总容量1.15%；风电并网容量894万千瓦，约占总容量1.13%。我国还是以火电为主，绿色能源所占比例除了成熟的水电外，风电与核电之和仅占总发电量的2.28%，可见我国大力发展绿色能源的潜力还很大。除水能外，我国资源丰富，近期利用技术较为成熟且开发潜力较大的能源主要还有风能、太阳能、核能和生物质能。我国绿色能源发展特点可归纳为以下几点。

1. 风电资源潜力大，规模化发展前景广阔

近年来随着我国政府政策扶植力度的不断加大，我国风能产业发展呈飞速发展的态势。到2008年底风电总装机容量达到1.2万兆瓦，居世界第四位。

我国风电总装机容量逐年递增，2007年装机增长率达到最大值127%。2007年中国（除台湾省外）新增风电机组3155台，装机容量590.6万千瓦，风电场158个，分布在22个省（直辖市、自治区、特别行政区），比前一年增加了北京、天津、山西、河南、湖北、湖南6个省市。2007年风电上网电量估计约52亿千瓦时。2008年中国风电建设投资量增长了

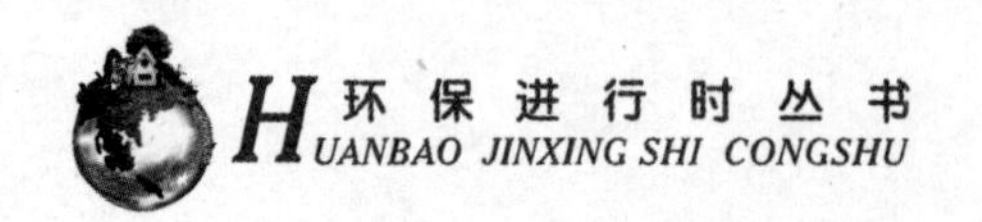

71.85%，基建新增发电设备容量9051万千瓦，其中风电466万千瓦。至2008年底，全国发电设备容量79253万千瓦，同比增长10.34%。其中，风电并网总容量894万千瓦，同比增长111.5%。

根据国家可再生能源中长期发展规划提出的发展目标，2010年装机容量达到5000兆瓦的目标已经提前实现，我国在内蒙古、新疆等6个省区规划7个风电基地，装机容量达到1.2亿千瓦，年发电量3500亿千瓦时。为了完成风电中长期发展目标，我国未来十年平均每年至少需要新增装机容量1000兆瓦～1200兆瓦。

2．水电建设适度加快，发展面临新问题

水能

水力是一种宝贵的自然资源，是取之不尽用之不竭的可再生能源，而且是目前唯一可大规模开发利用的清洁绿色能源。利用水能的最普遍的形式是建设水电站，利用水流的流量和落差发电，或称为水力发电。世界各国都竞相优先开发水力发电，作为电力工业的重要组成部分。中国是世界上水力资源最丰富的国家，水力资源的蕴藏量达6.8亿千瓦，约占全世界的1/6，居世界第一位。我国水能资源技术可开发量为5.42亿千瓦，年发电量25000亿千瓦时，水能资源主要分布在西部地区，约70%在西南地区。长江、金沙江、雅砻江、大渡河、乌江、红水河、澜

沧江、黄河和怒江等大江大河的干流水能资源丰富，总装机容量约占全国水力可开发量的60%，具有集中开发和规模外送的良好条件。未来十余年，仍将是我国水电快速发展的时期。水电开发对保障我国未来能源安全、应对气候变化、优化能源结构具有重要的战略意义。

水能资源作为清洁的可再生能源资源，目前是我国技术可开发的第二大能源资源，在我国国民经济社会发展中具有重要的战略地位。

从2004年起我国水电装机容量就一直居世界第一。截至2008年底，中国水电装机容量达到1.72亿千瓦，稳居世界第一位。2008—2015年，中国将在金沙江、大渡河、雅砻江、澜沧江、乌江、黄河上游开发多个梯级水电站，约150台70万千瓦的巨型水轮发电机将投产发电。目前，有10个抽水蓄能电站正在建设中，可新增装机容量达3000万千瓦。今后，水电开发蓄能电站将占较大比例。

根据《中国可再生能源中长期发展规划》，水电的发展目标为："十一五"期间新增装机7300万千瓦，包括建设一部分抽水蓄能电站，重点加强金沙江、雅砻江、大渡河、澜沧江、黄河上游等流域的开发工作。截至2007年底，三峡电站已有21台机组投产，发电能力达1480万千瓦。龙滩、小湾、构皮滩、瀑布沟、锦屏、拉西瓦、向家坝、溪洛渡等一批大型

水电站

水电站相继开工建设。金沙江水电开发全面启动，溪洛渡电站于2007年11月8日实现截流。未来中小型水电项目将会有较大的发展。

到2020年，全国水电装机容量将达到3亿千瓦。按照这一规划目标，平均每年需新增加装机容量约1200万千瓦。应该说，继续按照规划通过重点开发金沙江、雅砻江、大渡河、澜沧江、黄河上游和怒江的水电资源，这个规划目标是完全能实现的。

水电发展面临的主要问题有：优先发展水电的认识问题、移民安置问题、环境保护问题、水电投资中的技术性问题、地震对水电开发的影响问题。这些问题如果不能够得到很好的解决，就一定会影响我国水电资源的开发。

应该汲取先进国家的经验教训，切实认识到火电对外部环境的高成本后，就会统一认识，尤其是决策层就会坚定信念，把发展重点转移到"优先发展水电""积极发展水电"的能源方针上来，使我国丰富的清洁、可再生、具有良好社会综合效益的水电资源早日为人类服务。

在水电建设中，做好移民安置工作是确保水电顺利建设的先决条件，有的时候甚至是决定性因素。本着以人为本的原则，就会处理好库区移民的安置问题。同时水电的可持续发展还受制于生态环境保护的问题，研究水资源、国民经济、生态环境之间的相互关系，是水电进一步发展的前提。水电站的选址、建设对上下游的影响，对动植物的影响，对国土资源的影响，对物质文化遗产及对人类生存环境的影响等，都是我们需要认真研究的课题。因此，在保护好生态环境的基础上，适时、适度、有序开发水电资源尤为重要。

水电投资的技术性问题包括两方面：①水电还贷期的长短及税收政策。水电是具有综合利用效益的特殊工程，水电建设的特点是"投资大、周期长"，建设初期回报较少，而长期获利较高；水电建设的困难在建设期及还贷期。影响水电投资的关键因素是合理的政策诱导，如还贷期限短则还贷压力大、税改后水电站税负比同类企业显著加重，影响投资积极性。如何消除影响水电发展的不利因素，提高水电的生存和竞争能力，关键是需要国家的政策支持。②投资分摊问题。水电是可以综合利用的特殊工程。水电工程不仅仅是发电，还具有防洪、灌溉、航运、供水、养殖、旅游等综合的经济效益和社会效益。像防洪、航运、灌溉等效益都是流域沿岸地区获得，而投资还贷却要由水电站承担，加重了水电工程的还贷负担。按照权利和义务对等的要求，谁投资谁受益，那么反过来受益方付出相应的投资也是合情合理的，国家综合部门应协调各方面的关系，出台综合利用投资分摊政策和管理办法，将综合利用投资合理地分摊到受益的地区或部门，特别是对防洪这部分公益投资，可以采取国家投资或受益地区和部门按照受益的多少合理分摊投资的方法，建立合理的投资分摊制度。

3．太阳能光伏发电产业超常规发展

中国的太阳能产业发展迅速，光伏产能居全球第一。2008年3月国家发展和改革委员会公布了调整后的《可再生能源发展“十一五”规划》，2010年，太阳能热水器累计安装量为1.5亿平方米，太阳能发电装机容量已达到30万千瓦。

有望近期出台的《新兴能源产业发展规划》中明确指出了太阳能发展的地位，“太阳能在新能源发展规划中的重要性列第二位”。

2007年是我国太阳能光伏产业快速发展的一年。到2007年底，全国光伏系统的累计装机容量达到10万千瓦，主要为边远地区居民供电。2002-2003年实施的“送电到乡”工程安装了光伏电池约1.9万千瓦，对光伏发电的应用和光伏电池制造起到了较大的推动作用。除利用光伏发电为偏远地区和特殊领域（通信、导航和交通）供电外，已开始建设屋顶并网光伏发电示范项目。

目前，我国光伏电池及组装厂已有十多家，年制造能力达10万千瓦以上。

自2004年，在国际光伏市场尤其是德国、日本市场的强大需求的拉动下，我国的光伏产品生产能力迅速扩张。截至2008年底，我国光伏电池产量达到了2500多兆瓦，居世界第1位，出现了跳跃式发展。由于光伏发电价格高昂，与主要依赖于国际市场的蓬勃发展的产业相比，国内光伏市场发展步伐稍缓，但一直处于稳步发展和上升状态。特别是各地结

合城镇建设，推广屋顶计划，以及路灯等太阳能发电产品的应用，使得我国光伏发电应用呈上升趋势。2008年底，累计光伏发电容量为20万千瓦，其中40%左右为独立光伏发电系统，用于解决电网覆盖不到的偏远地区居民用电问题。

由于太阳能光伏发电的主要材料是晶体硅，我国近些年筹建、扩建、新建的多晶硅项目不断增加。

考虑到经济成本和支持我国光伏产业持续发展的需要，我国的光伏发电采取稳步发展的原则和策略。在今后5~10年内，我国的光伏发电系统的应用一方面还将以户用光伏发电系统和建设小型光伏电站为主，解决偏远地区无电村和无电户的供电问题，建设20万千瓦光伏发电站，为200万户边远地区农牧民（即目前我国1/3的无电人口）提供最基本的生活用电；另一方面，借鉴发达国家发展屋顶系统的经验，在经济较发达、城市现代化水平较高的大中城市，在公益性建筑物和其他建筑物以及道路、公园、车站等公共设施照明中推广使用光伏电源，此外，还将开展大型并网光伏系统的示范，为在光伏发电成本下降到一定水平时开展大型并网光伏系统的大规模应用作准备。

4. 核电发展加速提升

2007年11月颁布的《中国核电中长期发展规划》（2005–2020年），是指导我国核电建设的重要文件，对于实施核电自主化发展战略、合理安排核电建设项目、做好核电厂址的开发和储备、建立和完善核电安全运行和技术服务体系、配套落实核燃料循环和核能技术开发项目的保障条件等方面具有重要意义。

《中国核电中长期发展规划（2005–2020年）》提出，我国的核电发展指导思想和方针是：统一技术路线，注重安全性和经济性，坚持以我为主，中外合作，通过引进国外先进技术，进行消化、吸收和再创新，实现核电站工程设计、设备制造和工程建设与运营管理的自主化，形成批量建设中国自主品牌大型先进压水堆核电站的综合能力。

按照《中国核电中长期发展规划（2005–2020年）》，中国核电的发

核发电设备

展目标是：到2020年，核电运行装机争取达到4000万千瓦，考虑核电的后续发展，2020年末在建核电容量应保持1800万千瓦左右，核电占全部电力装机容量的比重从目前的不到2%提高到届时的4%。2020年前我国新增投产2300万千瓦核电机组，新建核电站主要安排在浙江、江苏、广东、山东、辽宁和福建6个沿海省份。核电年发电量将达到2600亿～2800亿千瓦时，计划投资额4000亿元。

目前核电发展规划具体上调的目标尚未确定，但是以目前的电力装机容量计算，预计到2020年，全国发电总装机容量将达到14亿～15亿千瓦，而核电的比例也有望调整到5%。按照国家调整能源结构、发展清洁能源的要求，核电装机要达到7500万千瓦以上。

目前我国大陆已有11台运行中的核电机组，总装机容量908万千瓦，距离“十一五”期间规划装机目标1000万千瓦规划只有咫尺之遥。目前，在建核电机组34台，总装机容量3708万千瓦，要达到7500万千瓦，国内的核电装备制造业任重道远。

核电建设的特点是“周期长，投资大”。核电建设周期相对较长，其建设周期一般为70个月（约6年）。与此相对，火电一般为30多个月。目前，火电每千瓦投资为4000元，而核电投资为1330～2000美元，合人民币为1.1～1.65万元，两者相差高达2.75～4.1倍。另外，我国的核电站过去之所以大多建在沿海地区，一是因为核电站需要大量的水进行冷却，而沿

核电站机组安装

核电建设

海地区靠近大海水资源丰富，大型核电机组运输也比较便利；二是沿海地区经济发达，能够承受数百亿元的投资以及适当的高电价，这也就是许多西方国家的核电项目大部分都建在内陆河边的原因。在我国积极发展核电的背景下，内陆一些水资源丰富、三面环山、一面是水的核电站选址也被提上了议事日程。国家已允许内陆地区的湖南、湖北、江西三省以三代核电技术为基础开展核电站建设的前期准备工作。只是就目前而言，要真正建立内陆第一座核电站还需等待。因为按照2007年制订的国家核电中长期发展规划，在未来的13年中，我国将新增投产的2300万千瓦核电站中，主要安排在浙江、江苏、广东、山东、辽宁和福建6个沿海省兴建，而且早先已经在这几个省确定了13个优先选择的厂址。

5．生物质能处于起步阶段，利用前景广阔

我国生物质能资源主要来源有农作物秸秆、树木枝杈、畜禽粪便、能源作物（植物）、工业有机废水、城市生活污水和垃圾等。全国农作物秸秆年产生量约6亿吨，除部分作为造纸原料和畜牧饲料外，大约3亿吨可作为燃料使用，折合约1.5亿吨标准煤。林木枝丫和林业废弃物年可获得量约9亿吨，大约3亿吨可作为能源利用，折合约2亿吨标准煤。畜禽养殖和工业有机废水理论上可年产沼气约800亿立方米，全国城市生活垃圾年产生量约1.2亿吨。目前，我国生物质资源可转换为能源的潜力约5亿吨标准煤，今后随着造林面积的扩大和经济社会的发展，生物质资源转换为能源的潜力可达10亿吨标准煤。

生物质能在我国处于起步阶段，根据生物质能利用技术状况，重点发展沼气、生物质发电、生物质液体燃料。到2010年，沼气年利用量达到190亿立方米，生物质发电总装机容量达到550万千瓦，生物燃料乙醇年利用量200万吨，生物柴油年利用量达到20万吨。到2020年，沼气年利用量达到440亿立方米，生物质发电总装机容量达到3000万千瓦，生物燃料乙醇年利用量达到1000万吨，生物柴油年利用量达到200万吨。按照规划，在2005～2020年的15年间，生物质发电、燃料乙醇、生物柴油年均增速分别达93%、59%和2.6倍。生物质能的主要利用形式有以下几种。

（1）沼气

我国大中型沼气工程工艺技术成熟，已形成了专业化的设计和施工队伍，服务体系基本完备，具备了大规模发展的条件。到2008年底，全国已经建设农村户用沼气池约3000万口，生活污水净化沼气池14万处，畜禽养殖场和工业废水沼气工程达到2700多处，年产沼气约100亿立方米，为近8000万农村人口提供了优质的生活燃料。目前，沼气技术已从单纯的

能源利用发展成废弃物处理和生物质多层次综合利用，并广泛地同养殖业、种植业相结合，成为发展绿色生态农业和巩固生态建设成果的一个重要途径。

2007年7月，农业部颁布了《农业生物质能发展规划》，提出到2015年，建成一批农业生物质能基地，技术创新和产业发展体系基本建成，开发利用成本大幅度降低，初步实现农业生物质能产业的市场化。生物质能产业成为农业发展的重要领域，对促进农民增收、改善农村生活条件、建设社会主义新农村的作用日趋明显，成为保障国家能源安全、保护生态环境的重要力量。截至2010年，全国农村户用沼气总数达到4000万户，占适宜农户的30%左右，年生产沼气155亿立方米；到2015年，农村户用沼气总数达到6000万户左右，年生产沼气233亿立方米左右，并逐步推进沼气产业化发展。

除沼气外，我国生物质发电、生物液体燃料技术的应用仍处于产业化发展初期。

沼气发电工程

（2）生物质发电

我国生物质发电的现状是：技术基本成熟，规模有待扩大。目前我国已经基本掌握了农林生物质发电、城市垃圾发电、生物质致密成型燃料等技术。

到2006年，全国生物质发电装机容量超过220万千瓦，其中蔗渣发电170万千瓦，碾米厂稻壳发电5万千瓦，城市垃圾焚烧发电40万千瓦，在引进国外垃圾焚烧发电技术和设备的基础上，现已具备制造垃圾焚烧发电设备的能力。但总体来看，我国在生物质发电的原料收集、进化处理、燃烧设备制造等方面与国际先进水平还有一定差距。

（3）生物液体燃料

生物液体燃料是重要的石油替代产品，主要包括燃料乙醇和生物柴油。2006年年底前，我国以粮食为原料的生物燃料乙醇生产年生产能力是165万吨，2007年以后，国家开始限制以粮食为原料的燃料乙醇的生产，燃料乙醇的发展势头变缓。生物液体燃料的重点技术研发方向是利用非粮食原料（主要为甜高粱、木薯以及木质纤维素等）生产燃料乙醇的技术。目前不再增加以粮食为原料的燃料乙醇生产能力，合理利用非粮生物质原料生产燃料乙醇。以餐饮业废油、榨油厂油渣、油料作物为原料的生物柴油生产能力达到年产5万吨，同时我国已开始在交通燃料中使用燃料乙醇。

四、循环经济，低碳时代的呼唤

循环经济，本质上是一种生态经济，它要求运用生态学规律而不是机械论规律来指导人类社会的经济活动。与传统经济相比，循环经济的不同之处在于：传统经济是一种由“资源—产品—污染排放”单向流动的线性经济，其特征是高开采、低利用、高排放。在这种经济中，人们高强度地把地球上的物质和能源提取出来，然后又把污染和废物大量地排放到水

垃圾资源化

系、空气和土壤中，对资源的利用是粗放的和一次性的，通过把资源持续不断地变成为废物来实现经济的数量型增长。与此不同，循环经济倡导的是一种与环境和谐的经济发展模式。它要求把经济活动组织成一个“资源—产品—再生资源”的反馈式流程，其特征是低开采、高利用、低排放。所有的物质和能源要能在这个不断进行的经济循环中得到合理和持久的利用，以把经济活动对自然环境的影响降低到尽可能小的程度。循环经济为工业化以来的传统经济转向可持续发展的经济提供了战略性的理论模式，从而从根本上消解长期以来环境与发展之间的尖锐冲突。减量化、再利用、再循环是循环经济最重要的实际操作原则。

循环经济作为一种科学的发展观，一种全新的经济发展模式，具有自身的独立特征，专家认为其特征主要体现在以下几个方面：

一是新的系统观。循环是指在一定系统内的运动过程，循环经济的系统是由人、自然资源和科学技术等要素构成的大系统。循环经济观要求人在考虑生产和消费时不再置身于这一大系统之外，而是将自己作为这个大系统的一部分来研究符合客观规律的经济原则，将退田还湖、退耕还林、退牧还草等生态系统建设作为维持大系统可持续发展的基础性工作来抓。

时代呼唤循环经济

二是新的经济观。在传统工业经济的各要素中，资本在循环，劳动力在循环，而唯独自然资源没有形成循环。循环经济观要求运用生态学规律，而不是仅仅沿用19世纪以来机械工程学的规律来指导经济活动。不仅要考虑工程承载能力，还要考虑生态承载能力。在生态系统中，经济活动超过资源承载能力的循环是恶性循环，会造成生态系统退化；只有在资源承载能力之内的良性循环，才能使生态系统平衡地发展。

三是新的价值观。循环经济观在考虑自然时，不再像传统工业经济那样将其作为“取料场”和“垃圾场”，也不仅仅视其为可利用的资源，而是将其作为人类赖以生存的基础，是需要维持良性循环的生态系统；在考虑科学技术时，不仅考虑其对自然的开发能力，而且要充分考虑到它对生态系统的修复能力，使之成为有益于环境的技术；在考虑人自身的发展时，不仅考虑人对自然的征服能力，而且更重视人与自然和谐相处的能力，促进人的全面发展。

四是新的生产观。传统工业经济的生产观念是最大限度地开发利用自然资源，最大限度地创造社会财富，最大限度地获取利润。而循环经

济的生产观念是要充分考虑自然生态系统的承载能力，尽可能地节约自然资源，不断提高自然资源的利用效率，循环使用资源，创造良性的社会财富。在生产过程中，循环经济观要求遵循“3R”原则：资源利用的减量化（Reduce）原则，即在生产的投入端尽可能少地输入自然资源；产品的再使用（Reuse）原则，即尽可能延长产品的使用周期，并在多种场合使用；废弃物的再循环（Recycle）原则，即最大限度地减少废弃物排放，力争做到排放的无害化，实现资源再循环。同时，在生产中还要求尽可能地利用可循环再生的资源替代不可再生资源，如利用太阳能、风能和农家肥等，使生产合理地依托在自然生态循环之上；尽可能地利用高科技，尽可能地以知识投入来替代物质投入，以达到经济、社会与生态的和谐统一，使人类在良好的环境中生产生活，真正全面提高人民生活质量。

五是新的消费观。循环经济观要求走出传统工业经济“拼命生产、拼命消费”的误区，提倡物质的适度消费、层次消费，在消费的同时就考虑到废弃物的资源化，建立循环生产和消费的观念。同时，循环经济观要求通过税收和行政等手段，限制以不可再生资源为原料的一次性产品的生产与消费，如宾馆的一次性用品、餐馆的一次性餐具和豪华包装等。

循环经济和清洁生产两者之间究竟有什么关系呢？对这个问题如果没有清楚的认识，就会造成概念的混乱，实践的错位，既冲击清洁生产的实施，也不利于循环经济的健康展开。

清洁生产是循环经济的基石，循环经济是清洁生产的扩展。在理念上，它们有共同的时代背景和理论基础；在实践中，它们有相通的实施途径，应相互结合。

我国的生态脆弱性远在世界平均水平之下，人口趋向高峰，耕地减少、用水紧张、粮食缺口、能源短缺、大气污染加剧、矿产资源不足等不可持续因素造成的压力将进一步增加，其中有些因素将逼近极限值。面对名副其实的生存威胁，推行清洁生产和循环经济是克服我国可持续发展瓶颈的唯一选择。

虽然清洁生产在产生初始时着重的是预防污染，在其内涵中包括了实现不同层次上的物料再循环外，还包括减少有毒有害原材料的使用，削减废料及污染物的生成和排放以及节约能源、能源脱碳等要求，与循环经济主要着眼于实现自然资源，特别是不可再生资源的再循环的目标是完全一致的。

从实现途径来看，循环经济和清洁生产也有很多相通之处。清洁生产的实现途径可以归纳为两大类，即源削减和再循环，包括：减少资源和能源的消耗，重复使用原料、中间产品和产品，对物料和产品进行再循环，尽可能利用可再生资源，采用对环境无害的替代技术等，循环经济的3R原则就源出于此。

我国推行清洁生产已经有十多年的历史，从国外吸取和自身积累了许多宝贵的经验和教训，不论在解决体制、机制和立法问题方面，还是在构建方法学方面，都可为推行循环经济提供有益的借鉴。